U0162233

一本书读懂
前沿科技

主　编　姚　芳　王志勇

副主编　胡　欣　刘荪婷　陈兰花
周本元　杨　璐

人民东方出版传媒
People's Oriental Publishing & Media
東方出版社
The Oriental Press

图书在版编目（CIP）数据

一本书读懂前沿科技 / 姚芳，王志勇主编 . —北京：东方出版社，2023.8
ISBN 978-7-5207-3526-1

Ⅰ . ①一…　Ⅱ . ①姚… ②王…　Ⅲ . ①科学技术—普及读物　Ⅳ . ① N49

中国国家版本馆 CIP 数据核字（2023）第 123940 号

一本书读懂前沿科技
（YIBENSHU DUDONG QIANYAN KEJI）

主　　编： 姚　芳　王志勇
责任编辑： 孔祥丹
责任校对： 曾庆全
出　　版： 东方出版社
发　　行： 人民东方出版传媒有限公司
地　　址： 北京市东城区朝阳门内大街 166 号
邮　　编： 100010
印　　刷： 三河市中晟雅豪印务有限公司
版　　次： 2023 年 8 月第 1 版
印　　次： 2023 年 8 月北京第 1 次印刷
开　　本： 710 毫米 ×1000 毫米　1/16
印　　张： 18
字　　数： 190 千字
书　　号： ISBN 978-7-5207-3526-1
定　　价： 68.90 元
发行电话：（010）85924663　85924644　85924641

如有印装质量问题，我社负责调换，请拨打电话：（010）85924725

目 录

CONTENTS

第一章

人工智能

走向生成式 AI 时代

人工智能自诞生之日起就一直是全球瞩目的科技焦点。2022年被称作“生成式AI（Artificial Intelligence，人工智能）元年”。这一年，AI绘画软件火爆出圈，聊天机器人ChatGPT横空出世……生成式AI以其强大的内容生成能力催生了一场全新的科技革命。习近平总书记强调指出，“加快发展新一代人工智能是事关我国能否抓住新一轮科技革命和产业变革机遇的战略问题”[①]。错失一个机遇，就可能错过整整一个时代。在这场关乎国家前途命运的赛场上，我们必须抢抓机遇、奋起直追、勇争超越。

一、人工智能——科技强国必争之地

随着互联网的兴起和发展，大数据、人工智能等技术得到长足发展。世界主要发达国家纷纷把发展人工智能上升为国家战略。当

① 《加强领导做好规划明确任务夯实基础　推动我国新一代人工智能健康发展》，《人民日报》2018年11月1日。

前，我国面临着科技封锁、技术壁垒等重重挑战，实现科技自立自强，被摆在空前重要的支柱性地位。人工智能技术作为强化国家战略科技力量的重中之重，是打好关键核心技术攻坚战的关键所在，是实现科技强国战略的压舱石。

（一）人工智能的兴起与发展

1956 年，约翰·麦卡锡、马文·明斯基等科学家在探讨“如何用机器模拟人的智能”的问题时提出了人工智能的概念。简言之，人工智能是研究、开发用于模拟、延伸和扩展人的智能的理论、方法、技术及应用系统的技术科学。人工智能学科诞生至今，经历了跌宕起伏的 60 余年，其发展过程可以分为以下六个阶段。①

第一阶段是起步发展期（1956—1974 年）。在这段时期里，世界主要发达国家相继取得了一批令人瞩目的研究成果，例如，1959 年，亚瑟·塞缪尔编写了跳棋程序；1968 年首台人工智能机器人诞生等，迎来了人工智能发展的第一个黄金时代。研究成果的竞相涌现极大地鼓舞了人们，但就整体而言，此时人工智能的发展还处于初级阶段。

第二阶段是反思发展期（1974—1980 年）。第一阶段的突破性进展提升了人们对人工智能的期望，人们开始尝试更具挑战性的任务。然而，科研人员低估了人工智能的难度，碰到包括计算机性能不足、处理复杂问题的能力不足、数据量严重缺失等技术瓶颈，接

① 参见谭铁牛：《人工智能的历史、现状和未来》，《求是》2019 年第 4 期。

二连三的失败和预期目标的落空（如美国国防高级研究计划署的合作计划失败等），使人工智能的发展走入低谷。

第三阶段是应用发展期（1980—1987年）。这一阶段，人工智能进入繁荣期。20世纪80年代出现的专家系统成为主流人工智能研究的焦点。随着专家系统在医疗、化学、地质等领域的成功，人工智能走入应用发展的新高潮，并进入了很多商用领域。诸多大公司引入了专家系统，例如，数字电器公司用XCON专家系统为VAX大型机编程，杜邦、通用汽车和波音公司也引入了专家系统。我国人工智能也在这一阶段开始起步。1986年，我国把智能计算机系统、智能机器人和智能信息处理等项目列入“863计划”（国家高科技研究发展计划）。

第四阶段是低迷发展期（1987—1993年）。随着人工智能的应用规模不断扩大，专家系统中的问题开始逐渐暴露，如应用领域狭窄、知识获取困难、推理方法单一等。这一时期，人们开始对专家系统和人工智能产生了信任危机。各国政府和机构纷纷停止向人工智能研究领域投入资金。人工智能领域再一次进入低谷。

第五阶段是稳步发展期（1993—2010年）。专家系统之后，机器学习成为人工智能的焦点。机器学习的目的是让机器具备自动学习的能力。这一时期发生了很多标志性事件。例如，1997年，深蓝超级计算机战胜了国际象棋世界冠军卡斯帕罗夫；德国科学家赛普·霍克赖特和于尔根·施米德赫伯提出了长短期记忆神经网络，对后来人工智能的研究产生了深远影响。2006年，杰弗里·辛顿发表论文*Learning Multiple Layers of Representation*，奠定了神经网络的全新架构。

第六阶段是蓬勃发展期（2010 年至今）。随着深度学习技术的发展，人工智能正在逐步从尖端技术慢慢变得普及。人工智能技术在诸如图像分类、语音识别、无人驾驶等领域均实现了技术上的突破。对于人工智能的发展，我国也高度重视。2017 年，国务院印发《新一代人工智能发展规划》，对人工智能产业进行了战略部署。2022 年，我国人工智能市场规模已经达到 2680 亿元；2023 年，我国人工智能市场规模将达到 3200 亿元。

（二）科技强国的“人工智能之魂”——深度学习框架

就像 PC 时代的主流操作系统是 Windows，移动时代的主流操作系统是安卓或 iOS 一样，AI 时代的应用也需要操作系统。而深度学习框架正是人工智能时代的“操作系统”。有了深度学习框架，开发者可以像搭积木一样在上面构建自己的 AI 应用，这对于人工智能标准化、自动化和模块化的形成意义重大。

“得框架者得 AI”，科技巨头们在深度学习领域跑马圈地，靠的就是深度学习框架。Facebook（脸书）推出了 Caffe、PyTorch 平台，谷歌推出了 TensorFlow 平台，百度推出了飞桨平台，亚马逊推出了 MXNet 平台……在目前大大小小几十种开源框架中，2015 年谷歌开源的 TensorFlow 以及 Facebook 的 PyTorch 所占的份额最大，几乎是当下使用最广的两个深度学习框架。

类似于操作系统和芯片，深度学习框架也具有赢家通吃的特征。前几年，我国人工智能技术应用严重依赖 TensorFlow、PyTorch

等外国企业提供的深度学习框架。这使我国的深度学习框架处于受制于人的境地。党的十九届五中全会提出，要“把科技自立自强作为国家发展的战略支撑”。科技创新被提到一个更高的战略位置。面对危局和潜在的封锁，我国科技企业巨头带头打响了在深度学习框架领域的“突围战”，以百度飞桨为首的一系列“国产之光”纷纷崛起。

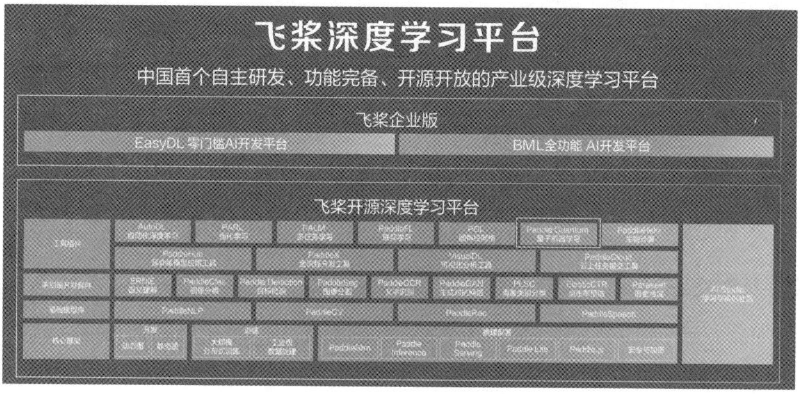

飞桨深度学习平台
中国首个自主研发、功能完备、开源开放的产业级深度学习平台
飞桨企业版
EasyDL 零门槛AI开发平台
BML全功能 AI开发平台
飞桨开源深度学习平台
AutoDL
PARL
PALM
PaddleFL
PGL
Paddle Quantum
PaddleHelix
PaddleHub
PaddleX
VisualDL
PaddleCloud
ERNIE
PaddleClas
Paddle Detection
PaddleSeg
PaddleOCR
PaddleGAN
PLSC
ElasticCTR
PaddleNLP
PaddleCV
PaddleRec
PaddleSpeech
PaddleSlim
Paddle Inference
Paddle Serving
Paddle Lite
Paddle.js
AI Studio

图 1-1　百度飞桨全景图　　图片来源：百度网

作为中国首个开源开放、功能完备的深度学习平台，百度飞桨在核心框架、基础模型库、开发套件、工具组件和服务平台上都有完备的建设。无论是模型开发、训练还是部署以及产业的生态建构，百度飞桨都处于一流水平，可以叫板 TensorFlow，堪称我国深度学习框架领域的“正规军”，为我国突破技术封锁注入了框架“强心剂”。一是在开发上，飞桨拥有便捷的开发框架。飞桨平台结合了动态图的易用性和静态图的高性能，使开发者可以兼顾两者的优势。对开发者来说，这大大降低了写程序的成本和复杂度。二是在

训练上，飞桨提供了超大规模深度学习模型训练技术。针对大规模的工业化场景，飞桨拥有大规模分布式训练能力，能够在真正的工业场景应对自如。三是在部署上，飞桨提供完备的支持各种硬件的部署能力。仅硬件生态伙伴，飞桨就达到 20 家，适配的芯片 /IP 型号就有 29 种。

正是在软、硬实力的共同加持下，飞桨遥遥领先，具备在深度学习框架领域接过国家重任的实力。目前，飞桨凝聚超过 265 万开发者，累计 commit16 万次，开源贡献者超过 5000 位，发展飞桨开发者技术专家 97 位，基于飞桨训练 34 万个模型，服务 10 万家企业。可以说，在这场面对封锁的突围战中，百度等科技巨头正在积极响应国家号召，克服重重困难，不仅在单个领域反封锁，更是建立了多点联动、全面开花的人工智能战壕，形成了我国人工智能的核心竞争力。

（三）人工智能的未来趋势

经过 60 多年的发展，人工智能已经在算法、算力等多个方面取得了重要突破。现在的人工智能已经从“不能用”发展到“可以用”，但是距离“很好用”还有很长的路要走。那么，在可以预见的未来，人工智能将会出现怎样的趋势呢？

第一个趋势是人工智能技术从语音、文字、视觉等单模态学习向多模态智能学习转变。多模态融合技术可以对人体的形态、表情和功能进行模拟仿真，打造出高度拟人化的虚拟形象。因此，未来的多模态数字人应当具备类似人的看、听、说和运用知识逻辑的能力。人工智能将在“更像人”这个目标中更进一步。

第二个趋势是人工智能向人性化、情感化方向发展。未来的人机交互将更加注重情感体验。例如，由日本软银集团和法国阿德巴兰机器人公司联手研发的机器人 Pepper 就是一款情感机器人。Pepper 不仅会说话，更重要的是它内置“情感引擎”，可以通过阅读人类的面部表情、语音语调、讲话内容，来“读懂”人的情绪，从而作出反应。例如，如果你一脸沮丧地回到家中，Pepper 就会为你播放你最爱的歌曲。可以预见，这种情感反馈信息在优化推荐、广告定制、智能决策等领域将发挥重要作用。

第三个趋势是未来人工智能将呈现多平台多系统协同态势。一方面，通用平台将向行业平台分化，立足于传统产业各自的行业业务逻辑，实现融合行业基础应用，深耕行业应用场景。另一方面，端侧系统向协同系统发展。无论是功能还是可扩展性上，现有的端侧应用都远远达不到实际的泛化应用需求。因此，实现通用平台、行业平台和端侧应用的协同组合，要以软硬一体的方式实现具体应用的功能定制和扩展。

第四个趋势是未来的人工智能将具有强烈创造力。“是否具有创造力”一直被作为区别人类和机器最本质的特征之一。然而，生成式 AI 的兴起打破了持续数百年的铁律。从“深蓝”、“更深的蓝”、AlphaGo（阿尔法围棋）、ChatGPT 到百度文心一言，人们发现人工智能也可以具备与人类一样的创造力。可以相信在不远的将来，人类可以积极利用机器的“大脑”，突破人类已有知识的边界，让人工智能更具创造力的“有趣的灵魂”，去做人类所无法做到的事情。

在未来，人工智能技术会是一个无所不在的状态。一方面，可以说人工智能技术很重要，因为它将越来越深入人类生活，成为辅助人类的有用帮手。另一方面，也可以说它不起眼，因为人工智能技术悄悄地化为无形，融于万物之中，真正实现“泛在智能”，泛于大众，惠于大众。

二、生成式 AI：开启 AI 新万象

2022 年，DALL–E2 引爆了 AI 作画领域，人们只要输入自己想要的内容和风格，机器就可以迅速画出一幅画，甚至 DALL–E2 对一些名画的模仿几乎达到了真假难辨的程度。人工智能程序 ChatGPT 又因其“博学多才”“有问必答”风靡世界，大家可以与机器人谈古论今、吟诗作赋。无论是“AI 画师”DALL–E2，还是万能陪聊对话机器人 ChatGPT，他们都是生成式 AI 的代表。生成式 AI 以其强大的内容生成能力和接近人类水平的“聪明”程度，给人们带来了巨大的震撼。那么，生成式 AI 究竟是什么？它又能给人工智能时代带来什么呢？

（一）生成式 AI 横空出世

生成式 AI 即 AIGC（Artificial Intelligence Generated Content），是一种利用人工智能自动生成内容的新的生产方式。简单地说，生成式 AI 就是人工智能通过对现有的文本、音频等数据集进行学习，然后生成新的内容。这种模式以其独有的特征正在不断刷新人们的认

知，催生全新的科技革命。它与传统的人工智能有以下三点不同。

首先，生成式 AI 是具有创造力的 AI。与传统的人工智能不同，生成式 AI 不再是简单整理已有数据库的数据，而是在已有数据的基础上进行创造性的创作。例如，利用生成式 AI 画人像，就是生成式 AI 模型在学习了很多张人脸图片后，画出一张从来没有出现过的新的人脸图片。这些图片在之前的数据库中是没有出现过的。从这个角度来看，生成式 AI 是一种具备创造力的人工智能技术。

其次，生成式 AI 能“自己训练自己”。生成式 AI 自己可以从海量数据中寻找和发现规律，然后进行分类、优选，并得到答案。简单地说，生成式 AI 可以实现“自我学习”“自我训练”。这是传统的人工智能技术不可能做到的。传统的人工智能需要依赖人们对海量数据做标注，然后机器再利用这些标注数据进行学习。生成式 AI 的这一特性大大缩短了训练时间，提升了模型完成任务的能力。

最后，生成式 AI 提升智能通用化水平。目前主流的人工智能正逐渐走向某一领域的智能化，如人脸识别、语音输入等。而通用人工智能（AGI）是指智能代替人类完成任何智力任务的能力，是人工智能未来研究的主要方向。生成式 AI 强大的学习能力可以打破不同类型数据之间的界限，丰富生产任务的多样性，增强人工智能的通用性水平。从这个意义上看，生成式 AI 正带领人工智能逐渐朝着通用人工智能这一理想靠近。

（二）GANs：生成式 AI 的核心技术

AI 到底是如何生成肉眼识别不出真假的人脸图片呢？这就不得

不谈到生成式 AI 的关键技术——GANs（生成式对抗网络），这是近年来复杂分布上无监督学习最具前景的方法之一，其本质是一种深度学习模型。

深度学习的概念源于人工神经网络，它利用含多个隐藏层的多层感知器进行学习。深度学习通过建立模拟人脑进行分析学习的神经网络，模仿人脑的机制解释数据。回想一下我们学会认识兔子的过程，我们似乎没有特别学习，只是平时看得多了，就知道什么是兔子了。在这个过程中，我们实际上是通过平时对兔子的观测，大脑里慢慢形成了很多兔子的特征，最后我们就会判断了。其实，深度学习的原理也是如此。它通过大量数据的学习，逐渐总结出兔子的特征，最终生成一个用来判断图形是否为兔子的模型。

深度学习在现代生产和生活实践中表现出了强大的能力。比如，现今广泛使用的语音识别和影像辨别系统，其背后的原理都是深度学习。2016 年，因打败人类围棋高手而闻名于世的 AlphaGo，也是根据深度学习的原理进行训练的。不过，深度学习的问题是十分明显的，那就是它对数据有着海量的需求。比如，如果让一个 AI 程序实现对兔子的识别，你很可能要“喂”给它上百万乃至上千万张与兔子相关的图片。如果没有如此充足的数据，又应该怎么办呢？那就只能 AI 程序自己生成数据，自己训练自己了。这正是 GANs 的基本原理。

GANs 诞生于 2014 年，其原理就是通过两个神经网络，即一个生成器或生成网络和一个判别器或判别网络的相互对抗进行学习。其中，生成器或生成网络负责生成数据，判别器或判别网络负责区分源数据和生成数据。这两个神经网络互相不断学习，交替训练，最终生成器生成更逼真的数据，而判别器则变得更善于分辨真假数据。GANs 生成兔子图片的过程就是利用上述原理。起初，GANs 先用一个生成网络生成了一只假兔子的图形，这个图形很快就被判别器识别为是假的。但是在经过几轮学习之后，生成网络生成的兔子图片就已经可以很好地骗过判别器了。显然，GANs 可以很好地解决数据不足的问题，因为生成网络可以根据自己的学习结果，不断生成对应的数据供判别器进行判断，想要多少数据就能生成多少数据。也正是因为这个道理，GANs 的思路一经提出，就得到了广泛的应用。

当然，在 GANs 训练过程中，它本身无法保证其学习内容是否正确。因此，在训练某些大型 AI 程序时，要检验其生成内容的准确性就必须依靠人力。以 ChatGPT 为例，GANs 的使用难以保证它回答的准确性。而将 ChatGPT 放到网络上，让用户对其回答的内容进行反馈和纠正，其实质就是对它的进一步训练。这就是 OpenAI（ChatGPT 的研发公司）愿意让用户免费使用 GhatGPT 的原因。事实上，当用户在免费使用 GhatGPT 时，他同时也在免费训练它，帮助它不断成长。正是在 GANs 的指引之下，再加上更好的模型、更强的算力以及更丰富的数据，生成式 AI 才最终在 2022 年迎来了爆发。

（三）生成式 AI 开启人工智能新时代

人工智能可大致分为决策式 / 分析式 AI 和生成式 AI 两类。一直以来，机器被认为只能做一些分析性的工作，如机器可以通过分析数据进行预测和判断。这就是“决策式 / 分析式 AI”。但对创造性的工作，如写诗、设计、制作游戏等，机器则被认为是不能完成的。生成式 AI 的诞生打破了这一固有观念，它不仅可以分析已经存在的东西，而且也可以创造新的东西。

从这个意义上讲，生成式 AI 开创了人工智能的新时代，一个智能创作时代。生成式 AI 通过从数据中学习要素，进而生成全新的、原创的内容或产品，不仅能够实现传统 AI 的分析、判断、决策功能，还能够拥有传统 AI 力所不能及的创造性功能，而且在某些情况下比人类创造得更好。从社交媒体到游戏，从广告到建筑，从编程到平面设计，从产品设计到法律，从市场营销到销售，这些原来需要人类创作的行业可能完全被生成式 AI 取代，并在机器的创作力中蓬勃发展。

生成式 AI 可以处理的领域包括知识工作和创造性工作，而这涉及数十亿的人工劳动力。生成式 AI 可以大幅度提高这些人工劳动力的效率和创造力，它们不仅变得更快和更高效，而且比以前更有能力。可以这么说，生成式 AI 的本质是对生产力的大幅度提升和创造。它的兴起极大地解放了生产力，将人类文明送入智能创造的新时代。我们有幸处于时代浪潮之巅，见证人工智能技术的进步带来的变革，探索生成式 AI 时代的无限可能。

三、生成式 AI 的应用领域

生成式 AI 有哪些可能的应用场景呢？或者说，除了做成类似 DALL-E2、ChatGPT 这样的产品，放在网络上供人们娱乐之外，它们到底能带来什么？事实上，生成式 AI 的崛起让内容创作、科技研发、市场营销等领域产生了深刻的变化。

（一）生成式 AI 赋能内容创作

生成式 AI 被认为是继专业生产内容、用户生产内容之后的新型内容创作方式。伴随数据、算法、算力等核心技术的突破，生成式 AI 正推动虚实共生趋势下内容创作的范式转变。目前，生成式 AI 主要用在文字、图像、视频、音频等方面，具体有以下几个方面。

一是文字创作。很多政府、企业、科研机构的工作人员常常因为频繁写作而绞尽脑汁、难以下笔。生成式 AI 为资深“笔杆子”们打造了一位智能“小助手”。近期火遍全网的聊天机器人 ChatGPT 的写作能力就被广为称赞。用户只需要输入一段关于内容或写作要求的描述，ChatGPT 就会自动抓取数据，并根据指令创作。

二是图像创作。目前，生成式 AI 在图像创作方面有两种应用场景：图像编辑与图像自主生成。图像编辑包括去除水印、提高分辨率、特定滤镜等。图像自主生成就是近期兴起的 AI 绘画。用户只需要通过输入文字描述，计算机将会自动生成一幅绘画。生成式 AI 降低了绘画创作的门槛，让没有绘画基础的人也能满足自己的

图 1–2　OpenAI 官网发布的 ChatGPT 系统界面　　图片来源：OpenAI 官网

创作欲望。

三是音频创作。生成式 AI 创作音频早被应用于我们的日常生活中，如手机导航、音乐合成、有声读物制作等。更深层次的应用将会是虚拟人领域，生成式 AI 不仅可以生成虚拟人的声音，而且可以创造出说的内容。

四是视频创作。除了可以生成图片，生成式 AI 也可以直接利用文字描述生成视频。例如，谷歌推出了 AI 视频生成模型 Phenaki，它能够根据文本内容生成可变时长的视频。Phenaki 基于几百个单词组成一段前后逻辑连贯的视频只需两分钟。

生成式 AI 在 2022 年的发展速度惊人，迭代速度更是呈现指数级爆发，其中深度学习模型不断完善、开源模式的推动、大模型探索商业化的可能，成为生成式 AI 发展的“加速器”。在市场空间方面，预计到 2025 年，生成式 AI 将占所有生成数据的 10%。未来 5

年，或将有 10%—30% 的图片内容由 AI 参与生成，相应或将有 600 亿元以上的市场规模。

现阶段，生成式 AI 技术的持续进步，有能力推动内容生产向更有创造力、想象力的方向发展。同时，人类能够利用生成式 AI 创作生成内容，能更快更好地实现并激发更多创意。展望未来，当一个更数字化的世界到来，或将成为人工智能训练效率和成本的拐点，生成式 AI 也由此将在内容创作中占据更多比例。

（二）生成式 AI 助力科学研究

生成式 AI 技术带来的想象远不止理解语言、生成图像，它还能给科学家提供强大的工具。也许你还记得 2021 年夏天，生物界被 AI 刷屏了。谷歌旗下人工智能技术公司 DeepMind 推出的 AlphaFold2 算法解决了困扰生物学家 50 多年的难题——蛋白质预测。这一历史性飞跃有助于加快药物发现速度，对理解人类生命的形成机制至关重要。2020 年，DeepMind 就使用 AlphaFold 预测了包括 ORF3a 在内的几种未知新冠病毒蛋白质结构。经过证实，与实验确定的结构相比，AlphaFold 在预测上获得了更高的准确率。

随着这一话题的热度攀升，人们进一步意识到生成式 AI 还可以设计一个原来并不存在的蛋白质。美国生物化学家大卫・贝克将这个过程称为蛋白质设计革命。通过蛋白质设计革命，我们可以操控生物分子为人类所用。大卫・贝克就是运用这项技术生成了一种附着在甲状腺旁激素上的蛋白质。它可以有效地控制血液中的钙水平。而在设计这种蛋白质时，你只需要告诉模型荷尔蒙的信息，然后模型就依据这些设定生成与之结合的蛋白质。实验结果发现，新设计出的蛋白质和激素紧密连接，效果甚至超出了现有的药物。

另一个让科学界感到震惊的例子是 2020 年麻省理工学院的科研团队利用 AI 研发出了一种新的抗生素 Halicin。他们先让 AI 去学习大约 2000 个分子结构，并自己去总结这些分子结构的有效规律。然后，研究者把另外 6.1 万个分子结构一个个输进去，让 AI 按照有效性、副作用等对这些分子结构进行打分，得分最高的那个分子就是 Halicin。最后，研究者们再用 Halicin 做临床试验，结果发现 Halicin 的效果非常好。一款新的抗生素就这样被研发出来了。它的研发过程给我们提供了一种不同于现代范式的研究方法。

此外，在科学、数学和编程方面，生成式 AI 也拥有同样旺盛的生命力。DeepMind 发布了一个名为 AlphaTensor 的工具，它发现了人类数学家几十年来所忽视的捷径，可以为矩阵乘法 block 设计更高效的算法。与此同时，DeepMind 还推出了 AlphaCode，这是一个可以编程解决数字问题的系统，它使用一个根据以前的程序及其描述训练出来的模型生成许多候选程序，然后挑选出最具前景的程序。

虽然生成式 AI 在科学研究领域的应用刚起步，但毫无疑问，这些成果可以给其他科研领域的工作带来启发。人类将利用这些工具来扩展自身的创造力，帮助解决更多科学领域的开放问题。

（三）生成式 AI 创意市场营销

市场营销是客户了解产品并与之产生情感联系的方式，对企业来说至关重要。生成式 AI 也将成为企业在市场营销过程中必不可少的元素。世界各地的很多企业都在寻找方法通过生成式 AI 来满足他们的营销需求，从而获得市场竞争优势。

生成式 AI 可以创意营销内容。内容是营销的关键，但创建内容的传统方法非常耗时，有时还需要运气。借助生成式 AI，营销人员可以快速轻松地创建内容，从而腾出时间专注于创意概念。比如，用 JasperAI 和 WriterAI 创造营销文案；设计师机器人可以自动创建演示文稿；RunwayML 提供由人工智能驱动的视频和内容编辑工具；而 Mutiny 使用人工智能来优化网站转换率。这些工具使营销人员能够有效地迭代概念，对内容进行微调以达到完美效果。

生成式 AI 有利于推动销售。尽管以产品为导向的增长正在兴起，但销售仍然是个人业务。在高价值的销售中，销售人员需要通过了解客户的需求，从而给客户提供量身定做的解决方案。销售推广的模板和电话脚本可以帮助加速这一过程，但往往感觉这是质量和数量的妥协。生成式 AI 可以改变这种情况，它可以使销售人员在保持对质量和客户个性化关注的同时保证效率。例如，Outreach 推出了智能电子邮件辅助工具，以自动生成准确的电子邮件副本，释放出销售人员的时间进行个性化编辑。

生成式 AI 助力客户支持自动化。良好的客户支持对于建立客户忠诚度是至关重要的因素。但同时需要企业提供足够的资源和人员配置，这样就可能会导致解决时间长，服务质量差，客户也因此感到沮丧。用于客户支持自动化的生成式 AI 是一种非常强大的方式，可以更好地服务客户。它可以根据企业的客户服务数据对语言模型进行微调，并解决咨询或协助处理复杂问题。

不难看出，生成式 AI 可以被人们广泛地应用于市场营销中。它不仅可以帮助营销人员创建更有效的营销方案，还能更好地了解客户行为，提供更个性化的销售体验。这些特性最终都将有利于提高客户满意度和忠诚度，并推动企业销售额和收入的增长。

（四）生成式 AI 的其他应用

除了上述应用领域，生成式 AI 还会给其他行业带来什么呢？深入各个行业前沿，仔细观察，生成式 AI 时代已非乌托邦式的幻想，而是呼啸而来的未来。目前生成式 AI 的身影已经活跃在多个垂直领域，贯穿影视、教育、游戏等多个行业。

影视行业历来都是视觉技术发展的重要推力，从默片到台词剧，从露天银幕到 IMAX3D，从前期创作到中期拍摄再到后期制作，问题屡屡暴露，又屡屡推动影视技术的发展。一方面，生成式 AI 可以用来创作剧本。通过对预设风格规模化、批量化生产剧本，创作者再筛选出优质作品进行二次加工。这样既激发了创作者的灵感，拓展创作思路，又缩短了创作周期，减少大量无用功。另一方面，运用 AIGC 技术也能扩展影视角色和场景创作空间。通过 AI 合成虚拟物理场景，数字化生成无法实拍或成本过高的场景，大大拓宽了影视作品想象力的边界，给观众带来更优质的视听效果。

生成式 AI 技术的加入为教学改革提供了巨大动力。将 AI 技术运用到教学中，除了能够带来更丰富的教学资源与数据，更重要的是能够打破时空局限，让学生们足不出户，就能轻松获得对现实世界更全面、更真切的认识和体会，进而形成深层认知能力。通过智慧学习环境，教师们的教学内容从书本延伸到大千世界，学生更容易认同并主动找到适合自己的方式进行学习。

生成式 AI 可以应用在游戏中，如创建新关卡和地图，生成新的对话或故事线以及创建新的虚拟环境等。现在已经有利用生成式 AI 来生成纹理和天空盒艺术。在未来，生成式 AI 模型可以为玩家在每次玩游戏时创建一个全新的独特关卡，或者根据玩家的行动为 NPC（非玩家角色）生成新的对话选项。它可以用来增加游戏体验的活力和多样性，让玩家感到更有吸引力和沉浸感。此外，生成式 AI 也可以应用于未来的机器人产业。相较于现在的机器人，未来的机器人在好看的皮囊下，提供类似于 ChatGPT 这样的模型对话能力，能让未来的机器人更加聪明、智慧，更像人，也更好地陪伴、服务于人类。

AI 绘图工具 Midjourney、ChatGPT 和百度文心一言让我们看到了未来生成式 AI 的无限可能。相信在几十年后，生成式 AI 将深深融入我们的工作、创作和娱乐。虽然这在现在看起来仍然非常不可思议，但科技进步的速度是惊人的，上面这些遥不可及的畅想，可能用不了多长时间，就能变得触手可及。

四、生成式 AI 带来的影响

2022 年，在集群式和聚变式的科技革命中，生成式 AI 后来居上，以超出人们预期的速度成为科技革命历史的重大事件，迅速催生了全新的科技革命系统、格局和生态，进而深刻改变了思想、经济、政治和社会的演进模式。

（一）掀起内容生产力革命

目前生成式 AI 的爆发点主要是在内容消费领域，已经呈现百花齐放之势。AIGC 生成的内容种类越来越丰富，而且内容质量也在显著提升，产业生态日益丰富。在消费互联网领域，生成式 AI 正牵引数字内容领域的全新变革。其中有三个值得关注的趋势。

首先，随着 AIGC 生成的内容种类越来越丰富，内容的质量不断提升，生成式 AI 有望作为新型的内容生产基础设施对既有的内容生成模式产生变革影响。其次，生成式 AI 的商业化应用将快速成熟，市场规模会迅速壮大。有国外商业咨询机构预测，2030 年生成式 AI 的市场规模将达到 1100 亿美元。最后，生成式 AI 还将作为生产力工具，不断推动聊天机器人、数字人等领域发展。当前以 ChatGPT 为代表的聊天机器人正在刺激搜索引擎产业的神经，未来人们获取信息可能更多通过聊天机器人而非搜索引擎。生成式 AI 也在大大提升数字人的制作效能，并且使其更神似人，比如，腾讯 AILab 的虚拟歌手艾灵能够实现作词和歌曲演唱。

随着生成式 AI 模型的通用化水平持续提升，生成式 AI 将极大降低内容生产和交互的门槛和成本，有望带来一场自动化内容生产与交互变革，引起社会成本结构的重大改变，进而在各行各业引发巨震。未来，可以预见生成式 AI 将持续大放异彩，深度赋能各行各业高质量发展。

（二）加快 Web3.0 来临

Web3.0，又称“下一代互联网”，是以区块链等技术为基础，以用户个人数据完全回归个人为前提的智能化、去中心化的全新互联网世界。生成式 AI 的出世改变了人类在内容生产时的角色。在 Web3.0 广阔的世界里，如果仅靠专业人士生产内容是远远不够的，数量单薄且速度缓慢。生成式 AI 能将人从大量制式化的内容生产中解放出来，以人工智能辅助人类，甚至替代人类进行内容生产，打破人类在创作效率和质量上的局限性，成为 Web3.0 内容生产的主流。

生成式 AI 可以充当“新鲜的视角”弥补创造力的不足，赋予人类更多的灵感以推动创新。因为从根本上讲，Web3.0 仍然是一个新生的领域，需要大量的新思想、新模型和新概念来推动它走向成熟和大规模采用。生成式 AI 可以潜在地成为一个巨大的催化剂，让人们发现和探索新的项目方向，提供灵感来源，启动颠覆性创新的飞轮。此外，生成式 AI 改变了互联网的交互模式。Web3.0 一直致力于朝精准化、智能化、泛在化的方向转变，使用户可以实现物理空间、信息空间的沉浸体验，即沉浸式传播。生成式 AI 技术因为其能支持多模态内容生成，可以为用户带来视觉、听觉、触觉一体的感知上的“沉浸感”，不仅简化了交互方式，更有助于 Web3.0 中沉浸式网络传播模式的实现。

当下正是 Web2.0 向 Web3.0 演进的重要时刻，我们相信，生成式 AI 完全有潜力成为 Web3.0 时代的重要生产力工具，解决数字世界的数据资产与内容生产难题，补齐 Web3.0 发展中的生产力短板，从而加速 Web3.0 时代的到来。

（三）科技发展的双刃剑

需要指出的是，虽然生成式 AI 具有非常巨大的发展潜力，但与任何一项新技术一样，生成式 AI 的发展也会带来很多风险与挑战。

一是对现有知识产权体系的挑战。2022 年 8 月，在美国科罗拉多州博览会上的艺术比赛中，一幅名为《太空歌剧院》的作品一举夺得了数字艺术类别的冠军。不过，不同于其他参赛作品，这幅作品是由游戏设计师杰森·艾伦借助 AI 绘图工具 Midjourney 生成的。因此，根据创作流程，杰森·艾伦并不能算是这幅画作的作者，最多只能算是一位修改者。另外，作为一款生成式 AI 程序，Midjourney 其实是通过学习既有的画作，然后用其中的素材来组合出图片的。因此，从严格意义上讲，Midjourney 只是对素材进行了重组，而非“创作”了作品。那么,《太空歌剧院》究竟是谁的作品？这个大奖又应该颁给谁？相应的经济回报又应该由谁享有？所有的这些都成了棘手的问题。而随着生成式 AI 日益成为重要的生产工具，类似的知识产权问题将会越来越多。而要处理好这个问题，就需要对现有的知识产权体系进行较大的变革。

二是生成式 AI 带来的安全和隐私问题。2017 年底，一组由著名演员盖尔·加朵主演的色情短片开始在国外著名的论坛 Reddit 上传播。追查之下，这些色情短片其实都是由 Deepfake 在色情片的基础上换脸而成的。而作为事件的主角，盖尔·加朵在这个事件中遭受到了深深的伤害。这只是生成式 AI 带来的安全问题的一个代表。事实上，由于人们可以用 AI 轻易地生成某个特定风格的作品，并且作品合成度非常高，因此如果有人将这种技术用于不良用途，其欺骗性也将会是非常高的。这一点同样值得我们重视。

三是生成式 AI 引发的失业危机。在 2017 年前后，也就是上一轮 AI 热潮来临的时候，面对担心被 AI 替代的群众，很多专家给出的建议就是去选择一些有创造性的职业，如绘画、写作、程序编写等。但没有想到的是，在短短五六年后，这些曾经被专家们认为难以被 AI 替代的工作却这么快被替代了。

那我们应该如何应对生成式 AI 带来的就业挑战呢？一方面，从个人角度看，我们应当直面挑战，及时对自己的工作方向进行调整。例如，当 AlphaFold 分析了所有已知蛋白质的结构后，原来探索蛋白质结构的科研人员就可以将工作转移到开发对应的药物上去。另一方面，从政府层面看，政府应该加强相关行业的就业指导，保证因 AI 冲击而失业的人员可以及时转向其他的工作，并对无法转岗的人员提供相应的保障。做好这两方面，我们才能更有效地应对新一轮 AI 带来的就业冲击。

随着生成式 AI 的发展，未来人工智能将逐渐突破生硬的机器式应答，成为具备类人智能的工具。在它的影响下，人类现有的生活模式必将被重构。与此同时，和其他技术一样，生成式 AI 也是一把双刃剑。它带给人类社会的必将是彩虹和风雨共生，便利与风险同在，机遇与挑战并存。这就需要我们每一个人，既要仰望星空寻梦，同时又脚踏实地前行，勇敢地迎接新科技浪潮的洗礼。

第二章

半导体芯片

现代科技工业“皇冠上的明珠”

芯片是电子产品的“心脏”，是信息社会的核心基石，是科技的代名词，是国家的“工业粮食”。半导体芯片广泛应用于通信、运输、医疗保健、商业及国家安全等方面，已成为保障国家安全和国防建设的战略性核心技术，是企业、国家竞争的核心点。芯片之争不仅仅是科技之争、经济之争，更是主导权之争、未来之争，关乎国家的信息安全和发展战略，是现代科技工业“皇冠上的明珠”，是当之无愧、名副其实的“个头最小的国之重器”。

一、令全球恐慌的芯片危机

近年来，一股缺芯浪潮逐渐蔓延全球，从汽车行业到电子消费行业，无不感受到芯片短缺带来的危机。据统计，多达 100 多个行业在一定程度上受到芯片短缺的打击。最先遭殃的是汽车行业，众多知名车企，如大众、福特、丰田、本田等全球汽车业巨头，不得不纷纷宣布减产。同样，包括苹果、三星在内的大型手机厂商也因为芯片问题不得不顺延产品的出厂日期。

（一）包罗万象的芯片

什么是芯片？芯片，英文全称为Integrated Circuit，简称IC，又称微电路、微芯片、集成电路。一般而言，芯片泛指所有的半导体元器件，是在硅板上集合多种电子元器件实现某种特定功能的电路模块，是集成电路的载体，由晶圆分割而成。它是电子设备中最重要的部分，承担着运算和存储的功能。

我们每天大部分时间都在和芯片做交互，但是看不见它，它隐藏在电子设备的内部。比如，我们打开一部手机，看到的电路板上的一个个小黑块就是芯片。芯片很脆弱，需要用一个外壳“封装”保护起来。芯片背面布满密密麻麻的金属引线，少则十几根、几十根，多则几百根，这些引线把芯片和外界电路连接起来。“芯”是指它是电子设备的“心脏、大脑、中枢”，而“片”是指它的形状，所以叫芯片。这个名字也让很多人对芯片有误解，认为只有像电脑里的CPU那样的才是芯片。其实，芯片有很多种类，像5G、Wi-Fi、蓝牙是通信芯片，CPU属于逻辑芯片，内存、U盘是存储芯片，手机里的陀螺仪是传感芯片，等等。虽然这些芯片工作的原理和电路结构都不一样，但是都属于芯片。

生活中常常听到半导体、芯片、集成电路等概念，有时甚至经常混淆使用，它们有何区别和联系，芯片的本质又是什么呢？芯片的主要原材料是半导体单晶硅。半导体是指常温下导电性能介于导体与绝缘体之间的材料。半导体是信息技术的核心、基石，任何物理信号、数字信息都与半导体有关。可以说现在比较火热的，如人工智能、云计算、物联网、大数据……无一例外都是以集成电路或者半导体为基础。从 PC 时代到互联网、智能手机时代再到物联网和人工智能时代，我们所接触的电子产品越来越多，要求越来越复杂，这致使半导体市场也在不断增长。百度、阿里巴巴、腾讯、小米等软件厂家或系统厂家和互联网企业纷纷布局集成电路这一领域，还有一些手机、家电、ODM（承接设计制造业务）的硬件企业也纷纷跨界半导体。像华为海思就有大家熟知的麒麟芯片，还有服务器端的鲲鹏芯片以及人工智能的昇腾芯片，等等。芯片中的晶体管（场效应管）结构像是建在半导体里面两个挨得很近的“地铁站”（叫作源极、漏极），它们上面有一个控制“按钮”，叫作栅极。源极和漏极之间的电流受栅极电压的控制，当栅极加电压，它们之间形成一个通道，电压消失通道也跟着消失。只要改变电压，就能实

图 2-1　芯片　　图片来源：千图网

现在导体和绝缘体之间的轻松切换。这种用电来控制电的方法，大大提升了处理信息的能力。因此，芯片都必须是半导体材料。

是不是只用半导体材料就够了？远远不够！还得有集成电路。早期，人们用半导体材料做出一个个开关器件，再把这些器件一个个连到电路里实现不同功能。因而，如果要实现复杂的功能就需要大量的器件，但是一个个独立器件组成的系统是很难再缩小的。如果有了集成电路，由大量晶体管组成的系统就能做得非常小，甚至一平方厘米上可以集成 100 多亿个晶体管。这么多开关器件组成的复杂电路是如何实现各种功能的呢？其实，不管多么复杂的集成电路系统还原到最底层，都是最基本的 0 和 1 的运算。比如，曾击败韩国世界围棋冠军九段选手李世石的围棋智能机器 AlphaGo，还原到最底层，就是由大量晶体管组成的中央处理器和图像处理器一起工作的一个“超级大脑”。因此，芯片的本质就是半导体集成电路，是用简单的晶体管开关构成一个复杂系统，实现对承载信息的微观粒子（电子或光子等）的操控，进而实现信息生成、传输、处理、存储等的一种关键技术。

（二）全球“芯片荒”的真相

自 2020 年下半年开始，全球半导体行业开始出现缺货现象，并由个别种类、个别用途的芯片逐步蔓延至各品类芯片全面缺货。全球范围的缺芯局面和“芯片荒”，既有疫情、天灾人祸、科技的霸权与垄断、市场的恐慌性采购等因素，更是美国以政治手段干扰全球芯片产业链运行的结果。

天灾引起供给紧张。新冠疫情以迅雷不及掩耳之势肆虐全球，汽车及家电等行业销量骤降，汽车整车厂及零件等供应商大幅减少半导体采购，对全世界范围内的芯片以及芯片相关联的上下游行业造成了巨大冲击，相关工厂纷纷陷入“停工潮”，生产停滞造成芯片供应紧张。另外，2021 年的雪灾、地震等自然灾害进一步加剧了芯片的供给紧张。位于美国得克萨斯州的三星晶圆厂 2 月因大雪导致电力与供水的中断而停产一个多月，部分影响了全球 12 英寸（1 英寸约等于 2.54 厘米）晶圆的总产能。受地震影响，2 月 14 日，全球十大半导体芯片供应商之一的日本芯片制造商瑞萨电子公司宣布暂停其茨城工厂的运作，以对其洁净室进行检查。

芯片需求大幅增长。新冠疫情促使居家办公与在线学习成为新趋势，刺激了电脑、家庭网络设备、摄像头和显示器等销量的增长，导致了对芯片需求的大幅上升。同时以 5G 为代表的新一轮科技创新，带动了人工智能、物联网、云计算、新能源汽车等新兴技术的应用，也使芯片需求量激增。5G 换机潮促进了 5G 手机 PMIC、RF 芯片、NOR Flash 和摄像头 CIS 等芯片用量的翻倍。新能源汽车加速渗透，自动驾驶级别持续提升，汽车对于芯片需求的大幅拉动已成定局。一方面，电池、电机、电控系统替代机械动力和传动系统，新能源汽车所需的芯片数量显著增加。另一方面，自动驾驶等级的不断提升，处理芯片、存储芯片、CIS 及激光器等传感芯片的使用均显著增长。

科技垄断致晶圆紧张。芯片需求猛增加剧了 8 英寸晶圆产能的持续紧张，而能做先进制程的企业却只有寥寥数家，各大晶圆厂家订单爆满，即使生产恢复超过预期也难以满足市场需求。比如，全球芯片制造龙头台积电（台湾积体电路制造股份有限公司）通常采取较为激进的折旧策略，设备折旧完成后即对成熟制程降价以打击竞争对手，导致8英寸晶圆等成熟制程利润有限，晶圆产能整体呈现出由8英寸向12英寸转移的趋势。目前，8英寸晶圆设备主要来自二手市场，数量较少且价格昂贵，设备的稀缺钳制着8英寸晶圆产能的释放。尽管晶圆开始扩产，但主要以12英寸晶圆为主，8英寸晶圆代工厂产能未见明显扩张，而晶圆厂扩产周期通常需12—24个月，紧张的产能状况持续周期也会较长。

美国的政治干扰。近年来，美国接连对中兴、华为、中芯国际等中国企业实施封锁和打压，导致中国芯片产能受限，进而影响了全球半导体制造能力供给。美国的行为和贸易政策的不确定性同时也加剧了芯片市场供应紧张情绪，全球各大行业与企业纷纷恐慌性下单，疯狂囤积芯片，采购量激增至往年的数倍。

（三）中国“芯”的坎坷路

近年来，美国对以华为、中兴为代表的中国高科技企业疯狂“打压”，因而国产芯片发展受限，导致国产软硬件实力发展均有所停滞。很多国外公司通过对新芯片技术的测试引领软硬件市场走向，在高端芯片上“卡我们的脖子”，然后将其余部分全部分包给中国等发展中国家，再将生产的芯片以高价卖给中国等国家，以此实现资本垄断。一直以来，我国半导体对外依存度仍较高。2022年，我国芯片的进口额为4156亿美元（折合人民币为24936亿元），约占国内进口总额的13.8%，超过石油成为我国第一大进口商品。因此，大力发展国产芯片刻不容缓。

说起国产自研芯片，大家会想到华为海思的麒麟芯片。2009年，华为海思推出首款手机芯片Hi3611（K3V1），也是从这颗手机芯片开始，才出现国产芯片的概念。2012年，华为海思发布40nm制程K3V2芯片，采用强行走量、疯狂试错的方式才勉强支撑着麒麟芯片的发展。2014年，华为发布了首次集成自主研发的28nm HPM制程的Balong710基带——麒麟910，并用在了华为P6S手机上，工艺和GPU的升级满足了人们的日常需求。随后，华为又迭代了超频版的麒麟910T，用在了华为P7手机上，此款手机销量相当不错。除了华为，还有清华紫光也不得不提。清华紫光是清华大学1988年开始创办的一家校办企业，现今已经成为国内最大的综合性集成电路企业，也是全球第三大手机芯片企业，拥有世界先进的集成电路研制技术。

2000年，原信息产业部发布了“18号文件”，首次明确鼓励软件与集成电路产业的发展。一批爱国海外人士归国创业，发展中国的集成电路。2001年4月，回国创业的陈大同和武平共同集结了30多名海归人士组成豪华团队成立了展讯（后被清华紫光收购，与锐迪科合并为紫光展锐），独立研发有自主知识产权的手机基带芯片。展讯6个月就完成了2.5G手机芯片设计，10个月完成芯片验证，12个月初步完成软件集成，24个月开始芯片量产。2019年2月26日，紫光展锐发布了5G通信技术平台马卡鲁及其首款5G基带芯片——春藤510。目前，国产手机芯片技术越来越成熟，与国外的差距也越来越小，逐渐成为芯片行业的佼佼者。

电脑芯片的重要性不言而喻。目前，大众使用的芯片无非来自两家，英特尔和 AMD（超威）。大家耳熟能详的国产电脑芯片龙芯，它刚一出世便被称为国货之光，被认为是国产芯片崛起的里程碑。龙芯是中国科学院计算技术研究所自主研发的通用 CPU，采用自主 LoongISA 指令系统，兼容 MIPS 指令。2001 至 2010 年，龙芯中科技术股份有限公司（简称龙芯中科）还只是中国科学院计算技术研究所下属的一个课题组，还未成立公司。2002 年 9 月，龙芯中科发布龙芯 1 号。2005 年，龙芯中科发布龙芯 2 号。当时技术还不成熟，与国外芯片差距非常大，以致国外直接称之为“金属片”。2010 年，龙芯中科成立。虽然当年亏损了 1 亿多元，但是赔钱也不能关停，停了中国电脑芯片将前途迷茫、一片黑暗。在国家大力扶持下，2015 年，龙芯中科终于实现了盈亏平衡，正式发布了新一代处理器架构产品，包括自主指令集 LoongISA、新一代处理器微结构 GS464E、新一代处理器“龙芯 3A2000”和“龙芯 3B2000”、龙芯基础软硬件标准以及社区版操作系统 LOONGNIX。虽然，目前龙芯中科的相关产品总体性价比还很低，但其前景值得期待。

二、半导体 IP——芯片大厦的“砖瓦”

半导体产业的升级促使其产业链按专业分工细化分为芯片设计、制造与封测三大环节，从而也形成了上中下游一系列产业链。半导体 IP 是芯片设计上游的两个主要核心（EDA 和 IP 核）之一，为芯片设计提供基本模块，是芯片设计领域的“原材料”。可以说，半导体 IP 的重要性不输芯片制造环节中的光刻机。

（一）半导体 IP 的由来

半导体 IP（Intellectual Property，知识产权），也称 IP 核，是指芯片中具有独立功能的电路模块的成熟设计，可应用于其他芯片设计项目中。在芯片设计中通常结合使用 EDA（电子设计自动化）软件与半导体 IP 来缩短芯片设计周期、降低开发成本，提高芯片设计的成功率。电路模块的成熟设计凝聚着设计者的智慧，体现了设计者的知识产权，因此，芯片行业就用 IP 核（Intellectual Property Core，知识产权核）来表示这种电路模块的成熟设计。

IP 核可以分为软核、固核与硬核三类。IP 软核是用 Verilog/VHDL（超高速集成电路硬件描述语言）等硬件描述语言描述的功能块，如逻辑描述。类比 Excel 的话，IP 软核可看作该图表模板的底层开发代码。IP 固核是以电路元件实现的功能模块，是将底层代码中图表设置为部分固定的多个参数，并生成相应简单模板。IP 硬核与制造工艺相关（如 CMOS 工艺，互补金属氧化物半导体），完成了布局布线，提供电路设计的最终阶段产品——掩膜、光刻，生产芯片颗粒。可以简单地理解为：IP 硬核类似于完全设定好的某一 Excel 图表模板，能够重复使用，能实现特定功能。

在早期，芯片的集成规模较小，设计复杂度不高，不论规模大小的所有电路都可以由芯片设计者从“头”到“脚”自主完成。随着芯片集成度呈指数级增加，复杂性急剧增大，研发费用也不断升高，复杂多样的终端产品也使芯片设计难度直线上升，由一家企业独立完成一款复杂芯片的设计几乎不可能。于是，芯片设计行业急需解决小芯片公司无法设计大芯片的难题。芯片工程师们借鉴了搭积木的思路，即重复使用预先设计好的成熟构件来搭建更复杂的系统，化繁为简，减少重复劳动，节省时间，从而以求一键成“芯”。因此，IP 核就像建筑行业中的砖瓦和预制件，芯片设计不再需要完全从零开始，只需基于某些成熟的 IP 核进行功能的添加就可以了。

（二）提升芯片设计效率的神器

IP 核的出现让芯片设计和芯片代工成为半导体产业中的独立行业，使得芯片设计变得较容易、周期短、易成功。IP 开发和 IP 复用技术也使小公司设计大芯片成为可能，从而自主创新能力和整机系统的自主知识产权含量都得到了极大的提升。要设计一个复杂的芯片，设计公司可以外购 IP 核，而只需设计芯片中有创意、自主设计的电路部分，并类似于拼图画一样将各部分进行布局、摆放和信号连接，再对整个芯片的功能、性能进行反复的检查和验证即可。可以说，如果没有 IP 核，当今的芯片设计公司将难以完成芯片设计。

超大规模芯片设计的复杂度不断增加，使 IP 核及其复用技术成为推动设计发展的关键。如何利用已有的设计积累，显著地提高芯片的设计能力，缩短设计周期，缩小设计能力与 IC 工艺（用半导体材料制造出集成电路的方法、原理和技术）能力之间的差距，成为芯片设计的首要课题。对于芯片设计公司而言，把验证过的 IP

集成到 SoC（System on Chip）系统中，已经成为提高效率、突破设计能力瓶颈的重要路径。当今，许多中小微芯片设计公司虽然设计能力和水平有限，但为了抢占市场，同时缩短芯片设计周期的需要，也会外购许多 IP 核来完成自己的芯片设计项目。IP 开发商、IP 提供商的数量更是在不断增加，而且越来越专业，使各种功能和类型的 IP 核不断涌现，IP 交易活动也日趋普遍，交易金额也越来越大。

时至今日，在芯片设计中 IP 是技术含量最高、知识产权集中、商业价值昂贵的价值节点，是集成电路设计产业的核心产业要素。以 IP 核作为核心竞争力的芯片设计公司的地位尤为凸显。比如，我们熟悉的电子品牌英伟达、AMD、华为海思、苹果、高通等，都是纯芯片设计公司。而给这些设计公司提供架构和 IP 核的，则是 ARM、Synopsys、Cadence 等公司；其中 ARM 的市场占有率更是高达 40%。IP 核缩短了芯片上市时间以及降低了芯片开发成本，ARM 的 IP 核生态可将芯片开发成本降低 50% 以上。而且在未来模块化设计趋势、产品协议迭代以及功能集成增加的推动下，IP 需求将得到持续支撑。

（三）半导体国产背后的 IP 力量

由于较高的技术门槛，半导体 IP 行业一直是一个集中度较高的领域。近十年来，国外 IP 企业大者恒大的格局依然保持不变。ARM 在移动设备处理器领域占据第一，几乎形成了垄断，拥有超过四成市场份额。Synopsys 凭借 EDA 工具以及较全面的产品线占据第二，在接口芯片领域市场份额占据第一。其余如 CEVA、

Cadence 等也长期位居前十。当前，中国绝大部分芯片仍高度依赖于海外 IP 授权，国产 IP 产业依然较为薄弱，IP 公司整体规模较小，在高端领域缺乏话语权，特别是 CPU 方面还有待突破。目前中国大陆仅有芯原股份、寒武纪、华大九天、橙科微、IPGoal 和 Actt 等少数几家 IP 厂商，且主要提供的是接口类 IP。

近年来，国内半导体 IP 产业快速发展，已经覆盖了处理器和微控制器、存储器、外设及接口、模拟和混合电路、通信、图像和媒体等各类 IP。国内 IP 厂商与产业链也正在向国际领先 IP 厂商全面追赶、并跑迈进，以谋构建良好生态、促进共同发展。越来越多的 IP 企业和亮眼的产品不断涌现，赢得了客户和行业的认可，如芯动科技、华夏芯、上海凝眸智能等。其中，芯动科技是中国一站式 IP 定制的领军企业，也是中国唯一与全球各大顶尖晶圆厂签约的技术合作伙伴，提供从 0.18 微米到 5 纳米全套高速混合电路 IP 核和 ASIC 定制，全球数以 10 亿计的高端 SOC 芯片产品的背后都有芯动技术。

AI 的广泛应用以及汽车智能化等方面也为半导体 IP 行业竞争格局带来了新变量。当前，国内多个 IP 厂商已经布局 AI IP 核领域，包括芯源股份、寒武纪等，国产厂商在 AI 方面进展较快。以寒武纪为代表的国内厂商在 NPU（神经网络处理器）IP 方面已有了较强的影响力，地平线的 BPU（大脑处理器）IP 产品亦表现不俗。中国的芯原微电子在 2019 年全球 IP 供应商市场占有率排行榜上名列第七，这说明中国的半导体 IP 产业已经开始发挥影响。此外，国内代工厂逐步崛起，涌现出如中芯国际、华虹集团等具备国际竞争水平的企业，这将对上游半导体 IP 产业形成推力，带动国产半导体行业生态链建构。同时，中国已经明确新基建的发展战略方向，围绕 5G、自动驾驶、人工智能和智能制造等领域展开布局，国内半导体技术和产业环境也正在快速升级，芯片设计国产化进程加快，一些专用 IP 替代通用 IP 的趋势也为国内半导体 IP 公司提供了机遇。

三、芯片从设计到制造之难

芯片虽然只有一个指甲盖的大小，但其方寸之间包含了数十亿个晶体管。其技术含量高，投入资金巨大，生产线动辄花费数十亿甚至上百亿美元，丝毫不亚于建造飞机和航母。有人说，用高倍显微镜来观察芯片的内部结构，比世界上任何一座建筑都要复杂和庞大。如果说，世界上有哪一种东西把“纳须弥于芥子”变成了真实，那一定是芯片。它近乎集成了人类所有的科技知识与工艺，不仅仅涉及了物理、数学、化学等基础理论，还有上百年积累的光学、机械、化工的技术与工艺的积累。

（一）摩尔定律之制约

1965 年，仙童半导体公司研发部经理戈登・摩尔提出著名的摩尔定律：每 18—24 个月，在面积不变的情况下，集成晶体管的数目按指数式增长，速度提升 40%，功耗下降 50%。

摩尔定律是芯片业最重要的定律，它不但预言了芯片业的发展、规模和复杂性，还预言了芯片产业的规模。摩尔定律看似自然定律，其实在很大程度上是芯片制造商对芯片产业的人为控制。芯片制造商有意按照摩尔定律的轨迹发展，使软件开发商既能挑战现有的芯片处理能力，又能让芯片制造商有时间开发下一代芯片。目前，按摩尔定律，芯片业发展遇到了极大的困难，计算芯片性能按照传统的方式很难有大幅度的提升，主要有以下三个原因。

一是晶体管发热越来越严重。当芯片制程工艺越来越小时，电子运动的速度就越来越快，芯片也会越来越热。发热不但对芯片的性能影响很大，而且还会缩短芯片的寿命。20 世纪初，芯片制程达到 90 纳米以下之后，芯片开始过热，处理器运行产生的热量不容易消除。芯片制造商只好不再追求芯片的速度，但为了按摩尔定律提升芯片的性能，芯片制造商重新调整了芯片内部电路。因此，每个芯片拥有了数个处理器即内核，现在的电脑和手机芯片中很多是四核或八核处理器。于是，原来 1 个 4000 兆赫的内核被 4 个 1000 兆赫的内核替代。

二是终端能耗要求越来越高。当今，计算机的概念更广，包括智能手机、平板电脑、智能手表甚至一些穿戴设备等。这些全新的计算设备对处理器最大的要求之一就是低能耗。由于智能手机中的语音电话、Wi-Fi 连接、蓝牙、GPS（全球定位系统）、感知触摸、磁场甚至指纹识别都要耗电，因此移动设备的电池续航能力是其最重要的指标之一。目前的移动设备都设有电源管理内置电路，用来管理电源和能耗，以优化设备的能耗。传统的超级电脑和数据中心已经向云端服务器转移，云端服务器对微处理器的要求更高更严格，这对传统的芯片制造商提出了更高要求，这些特殊要求对摩尔定律也产生了挑战。

三是量子效应的出现。芯片制程是衡量或定义每一代技术的节点，也是芯片技术中最重要的一环。芯片制程又称线宽，是指场效应管的栅极宽度，栅极宽度是用光刻来定义的，光刻中的临界或最小特征尺寸取决于光源波长和数值孔径等因素。按照摩尔定律，每18个月芯片工艺制程就要缩小到原尺寸的70%。制程的缩小，是按同比例将场效应管沟道的长、宽，栅极氧化层的厚度、结深、电源电压、阈值电压等同时缩小。缩小器件尺寸的关键是缩小栅极长度，但当栅极长度短到一定程度时，会出现短沟道效应。短沟道效应会带来两个问题：一是漏电增加；二是场效应管的接触处寄生电阻和电容的增大。最新的微处理器其特征结构只有7纳米，远小于大部分病毒（100纳米）的尺寸。数据表明，当栅长小于10纳米时，器件对其尺寸和材料成分的改变变得十分敏感。当硅基芯片的特征尺寸达到5纳米时，海森堡不确定原理等量子效应将显现出来，传统的硅器件将不再能用。

（二）芯片设计难在哪儿

芯片设计，就是利用EDA软件和IP核设计芯片版图的过程。EDA是芯片设计师的画笔和画板，没有EDA，高端芯片设计根本无从下手。IP核是芯片设计的核心。芯片设计是一个集高精尖于一体的复杂系统工程。芯片设计难在哪儿呢？

难在架构设计。芯片设计环节众多，每个环节都面临很多挑战。以数字集成电路为例，设计多采用自顶向下设计方式，层层分解。需求定义难在对市场、技术未来趋势的准确判断以及对自身和产业链情况、能力的充分了解。功能实现难在对芯片整体能达到的性能和功能的把握，即在自身能力范围内能满足目标。结构设计难在是否能用尽可能少的模块和尽可能低的标准达到要求。逻辑综合难在需要保证代码的综合性、简洁性、可读性和模块的复用性。物理实现难在用尽可能少的元件和连线完成从 RTL（寄存器传输级）描述到综合库单元之间的映射，从而得到一个在面积和时序上满足需求的门级网表，且内部互不干扰。物理版图难在需要考虑信号干扰、发热分布、物理特性等许多变量，但又没有可套用的数学公式和经验数据，只能依靠 EDA 工具一步一步反复地设计与模拟，需要团队的智慧、精力与耐心。

难在验证。芯片验证是在芯片制造之前，通过检查、仿真、原型平台等手段反复迭代验证，提前发现系统软硬件功能错误、优化性能和功耗，使设计精准、可靠，且符合最初规划的芯片规格。验证很难，只能证伪，但方法必须尽可能高效，需要反复考虑可能遇到的问题，非常考验设计人员的经验和智慧。验证工具的费用十分昂贵。以常见的 FPGA（现场可编程逻辑门阵列）硬件仿真验证为例，90 年代 FPGA 验证最多可支持 200 万门，每门的费用为 1 美元。如今单位价格虽然大幅下降，随着芯片的复杂程度指数级增长，验证的门数也上升到以千万和亿为单位计算的规模，总体费用更加惊人。而 FPGA 本身也是一种芯片设计，大型设计需要用多块 FPGA 互联来验证，FPGA 的设计需要考虑 RTL 逻辑的分割、多片 FPGA 之间的互联拓扑结构、I/O 分配、布局布线、可观测性等现实要求，这就又增加了设计环节的难度。

难在流片。流片就是试生产。芯片设计完后，芯片代工厂会小批量生产一些用来测试。看起来它是芯片制造，但仍属于芯片设计。流片技术并不困难，但难在投入费用高。流片一次有多贵？以业内裸芯面积最小的处理器高通骁龙 855 为例（尺寸为 8.48 毫米 ×8.64 毫米，面积为 73.27 平方毫米），用 28 纳米制程流片一次的标准价格为 499072.5 欧元，即近 400 万元人民币。然而，芯片设计企业拿到的只是 25 个裸芯，平均每个 16 万元！更难的是，流片根本不是一次性就完成的事情。流片失败，需要修改后再次流片；流片成功，可能需要继续修改优化，二次改进后再次流片。每一次都需要至少几百万元。因此，建立一条先进制程芯片产线需要大量资金投入。

难在严苛的需求。随着芯片使用场景延伸至 AI、云计算、智能汽车、5G 等领域，芯片的安全性、可靠性变得前所未有的重要，这也就对芯片设计提出了更高、更严格的要求。AI、智能汽车等领域快速发展，带来专用芯片和适应行业需求的全新架构需求，这一全新的课题给芯片设计带来更多新的挑战。根据摩尔定律，两三年后硅基芯片将达到 1 纳米的工艺极限，继续提升性能、降低功耗的重任更多落在芯片设计身上，给芯片设计带来了更大的压力。此外，制程工艺提升也迫切需要芯片设计的指导才能实现，也增加了额外的压力。

（三）芯片制造有多难

芯片制造技术是当今世界微加工技术的最高水平，是世界高科技国力竞争战略必争的制高点。一直以来，国内主攻的是芯片设计，而非芯片制造。芯片制造工艺极其复杂，要求极高，是国内的一大弱项。芯片制造流程复杂和工艺技术要求高。芯片制造需要经过原料制作、单晶生长和晶圆的制造、光刻胶、掩膜、蚀刻、掺杂制成半导体晶体管、电镀、抛光、接合与封装等一系列烦琐复杂的过程。

难在原料制作。“巧妇难为无米之炊。”芯片的原材料是晶圆，而晶圆的成分是硅。自然界中，沙子随处可见且其含有硅元素，因此沙子被作为制作芯片的原材料。芯片性能越高，对硅原材料的纯度要求就越高。因此，制作芯片“万里长征的第一步”是：经过一番“浴火重生，凤凰涅槃”，把沙子提炼出硅及纯度高达99.999999999%的多硅晶体。这一步难在提炼及提纯的特殊工艺，但是每家芯片生产厂商制作的核心工艺技术都是概不外传的。以前中国这方面几乎全依赖进口，2018年开始，江苏鑫华半导体科技股份有限公司实现了量产，但目前年产量并不高，很大一部分仍需进口。下一步是净化熔炼得到单晶硅，冷却后得到约200斤重的硅锭。最后对单晶硅锭进行滚磨、切割、研磨、倒角、抛光等工艺，就得到了最重要的晶圆片了。按硅晶圆片的尺寸可划分为6英寸、8英寸、12英寸及18英寸等，尺寸越大，每块能切割出的芯片越多，单位芯片的成本也就越低。切割得越薄，芯片制造的成本就越低，但工艺要求也越高。

难在光刻胶。晶圆制作好之后，要在晶圆表面涂上一层胶（光刻胶）。光刻胶的作用是在硅晶圆片上刻蚀所需的电路图形，它是制作超大型集成高端芯片的重要材料。光刻胶的制作生产也不容

图 2-2　晶圆　　图片来源：千图网

易，现阶段我国的光刻胶质量与国外相比还是有差距的，还有提升的空间。光刻胶后还要在硅晶圆片上放一层掩膜，所要雕刻的电路图案要画在这个掩膜上。然后是光刻或蚀刻阶段，把光刻胶层透过掩模使它曝光在紫外线下，曝光的地方发生化学反应被留下来了，对没有照射的地方进行蚀刻，最终将电路图一层一层地光刻在硅晶片上，这个过程有点像以前用胶片洗出照片一样。而蚀刻机生产技术是我国在制作芯片阶段可圈可点的技术，我国的中微半导体芯片生产企业在蚀刻机制造技术方面有较雄厚的技术基础，它所生产的蚀刻机在世界上处于领先地位。

难在光刻机。芯片良品率取决于晶圆厂整体水平，但加工精度完全取决于核心设备。光刻机是半导体制造设备中价格占比最大，也是最核心的设备，被誉为半导体产业皇冠上的明珠。我们知道，芯片内集成的晶体管越多，芯片的性能就越优越。只有能生产出高质量的光刻机，才可以在芝麻粒大小的硅晶圆片上集成上亿个晶体三极管。目前，能生产5—7纳米的光刻机基本上被荷兰一家名叫阿斯麦的生产厂家所垄断。我国在3—5纳米的高端光刻机生产上还是空白，短时期内还无法突破，高端光刻机的生产也是制约我国生产高端芯片的瓶颈之一。一些高端的芯片只能向国外购买，一旦国外出现断供就会出现无芯可用的局面。

四、未来芯片之痛的解药

近年来，中国半导体产业迅速崛起，但仍然面临着巨大的挑战。同时，美国对我国发起的科技战也愈演愈烈，不断对我国的半导体生产企业进行制裁，在高端芯片上“卡我们的脖子”，我国芯片产业一度陷入非常艰难的时期。有人可能就会疑惑：我国是目前排名第一的制造大国，拥有门类最齐全的工业体系，可以造“两弹一星”，实现了“嫦娥”奔月和“蛟龙”入海，怎么还搞不定一个小小的芯片呢？

（一）未来的科技之光

当经典电子芯片的加工精度逐渐逼近原子尺度时，人类在单位面积上集成更多的晶体管已经力不从心。大数据时代对算力的需求，已经达到每三个半月翻一番的程度，远超摩尔定律18个月翻一番的供给量，芯片制程已逼近物理极限。全球集成电路产业发展进入了“后摩尔时代”，继续提升的难度与时间成本都非常高。全世界的科学家们都在寻找新的计算体系和架构来突破算力的瓶颈。谁将挑起“后摩尔时代”的大梁呢？量子计算与光子芯片被寄予厚望。光子芯片或将成为第四次科技革命中5G、物联网、人工智能等技术和产业的基础设施，推动人类社会迈进“光子时代”。

光子芯片听起来颇为新颖，但实际上它与电子芯片一样，早在20世纪80年代就已经诞生了。光子芯片采用的InP（半导体薄膜基片磷化铟）、GaAs（砷化镓）等全球新型半导体材料为基体，在成本和性能上优于硅基材料。按照中国科学院给出的数据，在相同条件下，光芯片的运算能力将达到硅基芯片的1000倍以上。尽管现阶段光子芯片不可能替代电子芯片，但是光芯片的能耗更低、发热更小，信息承载能力更强，数据传输速度也更快，且不易受到温度、电磁场和噪声变化的影响。更重要的是，光芯片不需要依赖于昂贵的EUV（极紫外线）光刻机，不追求工艺尺寸的极限缩小，不受制造工艺的限制，有更多的性能提升空间。这也就意味着，发展光子芯片不用担心会再被美国“卡脖子”，因为我们都在同一条起跑线上，外国不再有先发优势，甚至我们的很多技术都已经超越了美国。

自现代光学产生以来，我国始终保持着持续的投入和研究，在基础理论研究方面一直与美国齐头并进。近年来，我国着眼于光子集成技术实施了一系列重大研究计划，包括“973计划”（国家重点基础研究发展计划）、“863计划”、国家自然科学基金重大项目等，并取得了一定的进展。目前世界上最高的光子集成规模是2014年实现的单片集成超过1700个功能器件。我国2016年启动的B类先导专项——大规模光子集成芯片致力于开发集成器件大于2000的大规模光子集成芯片，并最终实现了15408个器件的大规模集成，集成规模世界领先。在光子芯片设计水平方面，我国也处于世界一流水平。曦智科技设计出了全球首款光子计算芯片原型板卡，最新的单个芯片可集成12000个光子元器件，一些算法的实测性能已超过英伟达GPU（图形处理器）的100倍，在光子计算领域领先国外。目前，全球光子芯片产业尚未成熟、定型，世界上还没有任何一个公司、任何一个国家构建出光子集成生态，这也为我国在“后摩尔时代”换道超车提供了巨大空间。

如今，中美在量子计算机领域不断开拓创新，一场没有硝烟的战争正在如火如荼地进行。量子芯片作为量子计算机最核心的部分，是执行量子计算和量子信息处理的硬件装置。它可以绕开传统硅基芯片制造必备的EUV光刻机，将量子线路集成在基片上，通过量子碰撞技术进行信息的处理和传输，使计算机拥有更强大的运算能力。测试结果显示，量子芯片的性能至少是电子芯片的千倍。近年来，中国对量子芯片前期战略性的关注和投入，也正在取得令人瞩目的回报。2023年1月，国内首个专用于量子芯片生产的MLLAS-100激光退火仪研制成功。2023年2月，在安徽合肥，国内首条量子芯片生产线上一片繁忙景象，我国最新量子计算机“悟空”即将在这里面世。此外，国盾量子和亚光科技也正在研发量子通信专用芯片。

（二）弯道超车之方法

在芯片产业的追赶道路上，不能只想着一味跟随、模仿国外先进技术，而是要走出中国技术特色的技术发展道路，哪怕是在一些创新点上寻求突破都可以，在拉动自己的核心技术上突破，这样才能实现真正的超越。比如，我国 5G、人工智能、量子计算等新技术发展就已经走到前沿了。

环绕栅晶体管技术。虽然，我们已经不可能通过每 18 个月把芯片上晶体管的数量增加一倍的办法提高芯片的性能，但仍然有很多已经被证明的可行办法。这也是我国可以寻求重点突破的地方。比如，新型的环绕栅晶体管，其在芯片上的结构由原来的纵向变成了横向结构。这就避免了晶体管两极与基底的接触，进一步减少了元器件尺寸缩小后发生漏电的可能性。未来的 3 纳米芯片架构，很可能就会采用这种环绕栅晶体管技术。

专用算法处理器技术。随着芯片在物理层可挖掘的空间越来越小，芯片设计在产业中所占的比重越来越高，还可以在设计层自上而下地提升芯片的性能。从芯片通用化到专用化转变，这也是未来芯片最重要的发展趋势。只要某种算法的应用场景足够多，我们就可以为这种算法专门设计一种芯片，从而大幅度地提升芯片的性能。比如，2020 年 10 月 22 日，华为发布的麒麟 9000 芯片，它用的是最先进的 5 纳米工艺，光是 CPU 就多达 8 个核心，GPU 有 24 个核心，还有一个双核的 NPU（嵌入式神经网络处理器）。这个 NPU 特别擅长处理视频、图像和各种多媒体类的数据。所以，麒麟 9000 芯片就是用一系列芯片来组合成一个复杂的信息处理系统 SOC。华为是第一家把 NPU 整合到 SOC 中的芯片设计公司，目前也是人工智能芯片设计的领跑者，已经追平了第一梯队的发达国家，甚至在某些方面还有所领先。

（三）科技创新之战略

党的十八大以来，以习近平同志为核心的党中央把科技创新摆在国家发展全局的核心位置，推动我国科技事业取得历史性成就、发生历史性变革。面对美国的科技制裁和对中国半导体产业的打压，只有坚持自主创新、重视科技、加大人才方面的投入才是我们唯一的出路。美国人妄想打压我国每一个科技领域，但在“中国制造 2025”战略规划的落地执行中，美国实际上扮演着“推动监督”的角色。这些都促进了中国人民齐心协力，不断完成各领域的国产替代与技术追赶！

科技强国，必先成为仪器强国。对先进技术的研究和开发，以实现在技术跃进过程中的突破和创新，从而打破外国对设备、技术的垄断，仍是当今的主流方向。随着国内对自主研发工作重视程度的持续加强，国产光刻机也逐渐迎来了转机。据报道，上海微电子（国内唯一能造出光刻机的厂家）已完成国产 28 纳米光刻机的相关认证，预计即将量产并正式投入使用。虽然它依旧只是 DUV 水平，与阿斯麦的 EUV 光刻机还有不小的差距，但这已经是非常了不起的突破。除了当前最为先进的 7 纳米和 5 纳米芯片之外，28 纳米 DUV 光刻机可以满足大部分芯片的生产要求，国产芯片的自主化程度肯定也会进一步得到提升，不用再依赖任何国外技术，也不会再遭遇断供等问题。这是全球顶尖的光刻机生产巨头阿斯麦始料未及的。本以为没有它的供应，中国的光刻机就会持续短缺，却没想到上海微电子扛起了这个大旗，给国产光刻机注入了新的力量。

最近几年，我国在第四代新型超宽禁带半导体材料氧化镓的制造中取得重大进展，相继突破 2 英寸、6 英寸和 8 英寸，其性能也有质的提升，为氧化镓的应用提供了广阔的空间。氧化镓是一种半导体材料，化学和物理特性非常稳定，不易氧化、水解或者被其他化学物质侵蚀，超宽的禁带宽度使它可以在高温和高压的环境下工作，较高的电子迁移率使其可以在高速电子器件中使用，还具有良好的光电性能，可用于制造太阳能电池板、LED 灯等。国际上普遍认为氧化镓是一种优秀的第四代半导体材料，未来它将有望应用到更多领域，从而为现代科技发展作出更大的贡献。

实现 2025 年中国芯片自给率达到 70% 的本土化率目标，中国还有很长的路要走，需要充分发挥新型举国体制的作用，优先将资源配置到一些“卡脖子”的关键技术上，推动芯片产业实现从跟跑到领跑的跨越，尊重芯片技术发展的科学规律，吸收和消化国外先进技术，拓展市场和应用领域，打出精彩的组合拳，逐步构建出科学合理完整的、具有中国特色的芯片产业链和生态体系，提高整个芯片产业的综合竞争力，摘取这颗现代科技工业“皇冠上的明珠”。

第三章

量子技术

21 世纪最伟大的黑科技

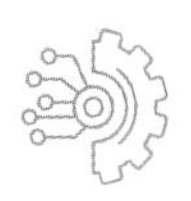

20世纪最伟大的物理学家之一丹麦的尼尔斯·玻尔曾说:“如果有人在第一次和量子理论打交道时不感到震惊,那他一定是没有理解它。”美国天才物理学家理查德·费曼更是讲“没有人懂量子力学”。从这些伟大物理学家的描述中可以看出,量子世界是多么诡异和神奇,它是如此让人无法理解,甚至令人难以置信。但随着科学的发展和进步,量子力学却成了目前最精准的理论之一,被称为21世纪最伟大的黑科技。

一、奇妙诡异的量子世界

量子世界之所以让人们感到奇妙和诡异,是因为我们总是尝试从经典世界的图像中去找到理解量子世界的方法,这本身在方法的运用上就不太恰当。正如用经典力学来描述宏观物体的运动规律一样,我们只有用量子力学才能描述微观粒子的运动规律,才可能理解量子世界的神奇。既死又活的猫、幽灵般的超距作用、穿墙术等许多经典世界无法想象的物理现象，其实它们都一一对应了微观世界中某种量子特性或量子现象。

（一）既死又活的猫

在日常生活的现实宏观世界，我们知道，描述一只猫的生死状态只有两种，这就是活猫或者是死猫。那么一只既死又活的猫又是怎么回事呢？这要从头说起。1935 年，奥地利著名物理学家、量子力学的创始人之一——埃尔温·薛定谔，为了诠释对量子力学的质疑，提出一个关于量子力学的著名佯谬，推出了一个和事实不符的结果——薛定谔猫，即这只猫可以处于既死又活的状态。假设在一个盒子里关了一只猫，一个放射性原子和一个盛有毒气的玻璃瓶以及一套由锤子构成的触发传动装置。当放射性原子发生衰变时放出射线触发传动装置，驱使锤子将玻璃瓶打碎，于是毒气从瓶中释放出来，将猫毒死。当放射性原子未发生衰变前，则毒气未放出，此时猫是活的。因为放射性原子何时衰变是不确定的，所以它处于叠加态。于是，从量子力学的角度理解，薛定谔认为，在盒子未打开前进行观测则猫应该处于“死与活的叠加态”——既死了又活着！除非有人打开盒子进行观察才能知晓猫的生死状态。也就是说，在没有开盒子之前，如果用量子力学来描述猫的生死状态，只能说猫是处于既死又活的状态，而不能说猫要么是活猫要么是死猫，它是描述微观粒子状态具有不确定性的一种概率方法。可见，既死又活的薛定谔猫并不是现实世界中真实存在的猫，而是薛定谔为描述微观领域的量子行为，试图从宏观尺度阐述其量子叠加态原理的一种形象比喻。

量子力学是描述分子、原子、电子等微观粒子的基本理论，它揭示的微观规律与宏观世界中的规律具有明显不同。例如，电子可以同时出现在任何量子轨道上的任何地点，直到有观察者测量时，才会迫使它改变原有状态且出现在具体某处。如果该现象发生在现实世界中，就如同一个人出现在家中的何处是不确定的，直到有人观察到他，他才会突然出现在具体某一个地方且只能出现在一个地方——餐厅、客厅、厨房或书房，不可能同时出现在客厅和餐厅；但在没有人看他之前，这个人的位置就是不确定的，他可能在家中的任何一个地方，或者说他可以同时处于客厅和厨房两个地方，也可以说他无处不在。这种近乎玄幻的事情让伟大的物理学家薛定谔也想不通，于是他就引用了既死又活的薛定谔猫这个佯谬描述处于所谓“量子叠加态”的微观粒子的状态是不确定的这样一种现象。

（二）幽灵般的超距作用

世界上任何一个地方发生某件事都不会立即对远方的事物产生影响，这一理论被物理学家称为定域性原理，它是有关物理定律的一个基本假设。因为日常生活中我们的直觉告诉我们这是理所当然的，所以长期以来一直被人们所接受。但量子力学的诞生似乎推翻了这一假设。1935 年，阿尔伯特·爱因斯坦、鲍里斯·波多尔斯基和纳森·罗森为论证量子力学的不完备性而合作发表了一篇著名的物理评论论文——《量子力学对物理实在性的描述是完备的吗？》。其中心思想是：根据量子力学可知，对于一对分开前相距很近且有一定关系、但分开后相距遥远且完全失去联系的微观粒子，即使二者间不存在任何连接，但对其中任意一个粒子的测量可以瞬间（速度可大于光速）影响到远距离之外的另一个粒子的属性。一个粒子对另一个粒子的影响速度竟然可以超过光速，这显然与狭义相对论指出光速是一切速度的极限相违背，因此，即使是 20 世纪最伟大的物理学家爱因斯坦也认为这是不可能的，于是，他将其称为“幽灵般的超距作用”，以此来证明量子力学是不完备的。随着时代的进步和科学技术的发展，现在我们知道，困扰爱因斯坦“幽灵般的超距作用”其实是一种被称为“量子纠缠”的现象。在量子纠缠现象中，即使两个不同实体的粒子彼此都失去了各自独立性，但是它们之间依然是相互关联和影响的。在量子理论中，我们知道，一个粒子的位置、动量、偏振和其他特性在它被观测之前都是不确定的。但是，如果去观测一对纠缠态的微观粒子，我们就会发现，这对纠缠态粒子的观测结果是强相关的，即使它们相去甚远，几乎也能同时被观测。也就是说，对两个具有量子纠缠中的任意一个微观粒子进行观测，无论二者相距多么遥远，其结果似乎都会立即影响到另一个微观粒子的观测结果，这显然违背了定域性原理，因此，物理学家将其称为“非定域性”。量子力学“非定域性”这个问题让物理学家争论了几十年，尤其是北爱尔兰物理学家约翰·贝尔对这一争论尤为忧虑。最终，1964 年，他提出了著名的贝尔定理和贝尔不等式，将有关量子力学是否完备的争论转化为一个可以用实验验证的问题。自此以后，量子力学一次次地经受住了实验的验证，幽灵般的超距作用——量子纠缠现象确实存在。

（三）穿墙术

1986年，被誉为“世界魔术的奇才”“不可逾越的梦幻巨人”和20世纪最伟大的美国魔术师大卫·科波菲尔在北京表演了震惊世界的魔术节目，就是从“万夫莫开”的万里长城穿墙而过，即从长城城墙的一侧穿进，而从对应的另一侧穿出，墙壁上却没有留下任何穿越的痕迹。这个魔术之所以能够让亿万观众感到困惑和惊奇，就是因为人们知道，魔术师不可能采用钻洞、挖墙来达到魔术神奇的效果，唯有采用魔术所谓的“障眼法”才能让观众信以为真。也就是说，在现实经典物理世界里这样的穿墙术是不可能实现的。例如，根据经典力学，当一个运动的物体遇到坚固的障碍物时，它必须从障碍物的顶部翻越过去才能通过，从能量的角度来讲，如果这个运动的物体所具备的能量低于障碍物顶部的势能，那么这个物体就绝对无法通过这个障碍物的阻挡。这样的描述符合我们的常识，所以通常我们都会认为这是非常正确的结论，然而量子力学却告诉我们，这个结论可能是错误的。因为如果把这个运动的物体换成量子世界里的微观粒子，那么我们就会发现，即使是在自身能量不足的情况下，微观粒子也依然有一定的概率能够直接穿过障碍物。这就是在量子世界里真实存在的“穿墙术”——量子隧穿效应，并且物理学家已经在实验中观察到了这种效应。

如何解释量子隧穿效应呢？科学家不断探索发现，量子世界中的微观粒子神出鬼没，它们不但具有“不确定性”，而且还具有“波粒二象性”（具有波动性和粒子性的双重性质）。为了正确地描述微观粒子，埃尔温·薛定谔提出了著名的薛定谔方程，在给定了某个微观系统的边界以及初始条件的情况下，人们就可以利用薛定谔方程了解这个微观系统的性质。这里需要科普一个名词——“势垒”，这是一种势能比周围的势能都高的空间区域，根据经典力学，如果微观粒子的能量不够的话，它就不可能通过势垒，所以我们可以简单地将其理解为对于能量不够的微观粒子而言，势垒就是经典物理中那一堵不可穿越的墙壁。但是通过求解薛定谔方程可以得到一个令人费解的结果，即当微观粒子以波的形式在空间传播并遇到势垒的时候，虽然其振幅将会呈指数级下降，但在势垒另一侧的振幅依然会有一定的概率不为零，这就意味着，微观粒子有一定的概率能够直接“穿墙而过”。那又是什么原因导致如此诡异的现象发生呢？我们知道量子理论中最基本的单位是量子，这种基本粒子的运动方向具有随机性，而这种随机性就是它能“穿墙而过”的根本原因。量子力学指出，任何物体的内部都存在缝隙，因为量子的运动具有随机性，所以量子有机会找到这些缝隙，进而实现“穿墙而过”。此外，如前所述，薛定谔方程中的势垒是指物质本身所拥有的一种屏障性，因此想要“穿墙而过”，就必须克服势垒。量子由于尺寸极小，因而它能轻松通过势垒，但人类所拥有的势能不足以突破墙壁的势垒。因此，如果人类真的想要利用量子力学的知识实现“穿墙而过”，则必须具备和量子一样的性质，显然这是不现实的。量子隧穿效应可被用于扫描隧道显微镜和闪存中，也可用来解释原子核的阿尔法衰变，还可解释星际暗云中分子的一些天体化学合成。

（四）非宿命论

古今中外，宿命论的观念都十分普遍，“生死有命”“富贵在天”是古代常用的说法，而古希腊也有“服从命运”的主张，人们总是不断尝试解开人生的奥秘或找出某些事情的寓意。哪怕是探索宇宙的科学家也曾陷入过宿命论的泥沼中，如19世纪法国数学家皮埃尔－西蒙·拉普拉斯就根据牛顿力学的决定论，宣扬“科学宿命论”概念。他认为只要我们知道宇宙中所有物体的作用力和位置，那么理论上通过计算，过去和未来都将会如实地呈现在我们面前。科学宿命论（包括牛顿力学）都认为，只要知道宇宙在任意时刻的结构，那么它的演化就是决定性的，并且能够被精确地计算出来。

在科学宿命论的笼罩之下，人类存在与否似乎已经失去了意义，毕竟我们每个个体的一生早在出生那一刻就被注定了。直到20世纪初，一个新的学科——量子力学诞生后，才改变了人们对宿命论的看法。量子力学跟经典牛顿力学完全不一样，正如前文所述，一个人如果在厨房的话，他就不可能同时在客厅。但量子力学告诉我们，作为一个微观客体，当你没有观测这个人时，他可以同时处在厨房和客厅这两个地方，即处于一种量子叠加态。当你睁开眼睛去观察一下，它就变成只能处在唯一的一个位置，这说明你的观测对整个世界的演化是有影响和作用的。从哲学上讲，这也就说明量子力学是一种非常积极的观念，意思是说我们每个人的奋斗都会对这个世界产生影响。量子力学不仅可以用来了解宇宙的历史，也可以推动一个新的学科的发展。量子力学还从微观领域证明了其随机性的存在，而这种随机性刚好也驳斥了宿命论。换句话说，量子力学不认为宇宙的一切从诞生之初就已经被确定了，虽然都按照某种规律在向前走，但是这之中依旧无法排除意外。其实，纵观我们整个的人类发展史，也不难发现我们从来都不相信什么“天意”，而是一直在与之进行抗争。正所谓，与天斗其乐无穷，在宇宙的终极奥秘未找到之前，哪有那么多确定的事情呢？

二、令人向往的量子计算机

因其强大的计算能力，量子计算已成为当前世界各国科技优先的发展方向之一。大国要有大算力，因此，2022 年底召开的中央经济工作会议首次提出要加快量子、量子计算等前沿技术研发和应用推广。如何落实中央决策部署，尽快提升中国量子计算能力，是我国当前需要解决的重大现实问题。

（一）量子比特

量子计算机是一种可以实现量子计算的计算机，是一类遵循量子力学规律来实现高速数学和逻辑运算、存储及处理量子信息的物理装置，运行的是量子算法。我们知道经典计算机信息存储基本单元是经典比特，比特是一种有两个状态的物理系统，用 0 和 1 来表示。量子计算机中的基本信息单位是量子比特，量子比特是量子计算的理论基石。在二进制的经典计算机中，信息单元用 1 个位来表示，它不是处于 0 态就是处于 1 态；但在二进制量子计算机中，它除了可以处于0态或1态外，还可处于叠加态。这个叠加态可以是0态和1态的任意线性叠加，即0态和1态各自以一定的概率同时存在，只有通过测量或与其他物体发生相互作用时才呈现出0态或1态。也就是说，对于一个n位的存储器，经典计算机存储的结果只有一个，但量子计算机存储的结果可达2^n个。所以，当增加量子比特数时就能够呈指数级提升其计算性能，这是量子计算机性能相比经典计算机更强大的原因之一。可用来实现量子比特的两态量子系统有很多，例如，电子的两个自旋态、光子的两个偏振态、原子的两个超精细能级等。和经典计算机一样，量子计算机也是由软、硬件组成，软件主要有量子编码和算法等，而硬件主要有量子存储器、晶体管和效应器等。量子晶体管不仅控制开关的运行速度比普通的芯片快很多，而且对环境条件的要求也不是很苛刻，是量子计算机必不可少的组成部分。量子储存器具有极高的信息储存效率，是量子计算机最核心的部分。量子效应器是一个控制系统，其功能是控制各部件的正常运行。

（二）“九章”量子计算机

量子计算机的并行计算是经典计算机无法比拟的，并行计算不仅让量子计算机在存储容量上远超经典计算机，而且能使其读取速度更快，更重要的是多个读取和计算可同时进行。正是由于其并行计算能力的存在，才让量子计算机具有运行速度快、处置信息能力强、应用范围广泛等显著特点。同时，量子计算机信息处理量越多，越能确保其运算的精准性。

一个 250 量子比特的存储器，可存储的数达 2 的 250 次方，比现有已知宇宙中全部原子数目还要多，足见其容量有多大。近年来，中国在量子计算领域取得了一系列重大进展。2020 年 12 月 4 日，《科学》杂志刊发的“九章”量子计算机让中国吸引了全世界的目光。“九章”量子计算机由中国科学技术大学潘建伟团队所研制，成功实现了“量子计算优越性”的里程碑式突破，为后续量子计算机的研发提供了重要的技术支持。“九章”量子计算机取名自《九章算术》，是一台具有 76 个光子的中国量子计算原型机，其最大优势是求解高斯玻色取样问题时算力远高于现有的计算机。以求解 5000 万个样本为例，“神威・太湖之光”的运算速度需要 25 亿年，而“九章”量子计算机只需 200 秒便可完成工作。2021 年 10 月，

图 3-1 “九章二号”量子计算原型机 144 模式干涉仪（部分）实验照片

图片来源：中新图片 / 中国科学技术大学

潘建伟团队又与其他研究团队合作，成功研制了“九章二号”量子计算原型机，该量子计算原型机在某些特定领域的运算速度比目前全球最快的超级计算机还快 10 的 24 次方倍（亿亿亿倍），使中国在量子计算机的研发上又向前推进了一大步。

（三）信息时代原子弹

量子计算机具有经典计算机无法比拟的运算能力，因此，它在极短时间内就能够完成目前经典计算机根本不可能完成的计算任务。这种运算能力在加密和破译等领域有潜在的应用价值，同时，对于大数据分析、信息金融、新材料、人工智能、气象预报、密码破译、药物研发、地质勘探、天体物理研究以及任意自然系统的模拟等重大战略性科学研究领域的拓展至关重要。因此，量子计算已经成为当前世界各国科技竞争的“新赛道”。我们知道，美国曾经将原子弹研发项目命名为“曼哈顿计划”，现如今却将量子计算机的研发称为“微曼哈顿计划”，将量子计算机更是取名为“信息时代原子弹”。据不完全统计，全球已经有 200 多家公司从事量子计算研究。以美国为代表的西方各发达国家都相继出台了相应的量子技术倡议或战略，如美国发布了《国家量子倡议法案》，日本公布了《量子技术创新战略》，法国发布了《国家量子技术战略》，韩国发布了《量子技术研发投资战略》等。[①]

① 参见秦枭:《全国人大代表郭国平：尽快提升中国量子计算能力》,《中国经营报》2023 年 3 月 11 日。

为此，《中华人民共和国国民经济和社会发展第十四个五年规划和 2035 年远景目标纲要》指出，瞄准量子信息等前沿领域，实施一批具有前瞻性、战略性的国家重大科技项目。量子计算机代表了计算机科学发展的新方向，谁能够掌握量子计算机的前沿技术，谁就将主导未来信息技术发展的方向。“九章”量子计算机的成功研发巩固了中国在全球量子计算技术领域的领先地位，并保证了中国能持续地掌握量子计算的优越性，对于中华民族伟大复兴具有重大意义。量子计算机技术的研发将在未来 10 年取得重大进步，预计到 2030 年量子计算机将首先应用于超级计算中心，到 2035 年供个人使用的量子计算机将被推向市场。在这场围绕量子计算技术的算力竞赛中，中国要力争始终傲立潮头，成为量子计算技术发展的引领力量，争取 20 年后中国能有一批计算机公司成为计算机领域世界顶尖的企业。

三、无法破译的量子通信

量子通信是 21 世纪发展起来的新型交叉学科，是信息论、量子论二者相结合的新领域。量子通信主要包括：量子密码通信、量子密集编码和量子远程传态等，它是利用量子力学基本原理来实现通信的，具有高效安全的信息传输特性。因此，该学科近年来受到人们的极大关注，已成为科研工作者的研究热点方向之一，而且已逐渐从理论转向实践，并向应用阶段发展。

（一）新型通信方式

量子通信是基于量子叠加态和量子纠缠效应进行信息传递的一种新型通信方式。量子通信就其概念而言，并没有一个确切的定义。在物理学中，可以将其看作一个物理极限，通过量子效应来实现高性能的通信。在信息学中，量子通信是通过量子力学原理中特有的属性，来完成双方的信息传递工作。具体来讲，量子通信是利用量子力学中的不确定性原理、量子测量坍缩和量子不可克隆三大原理来实现绝对安全的新型通信方式，主要包括量子隐形传态和量子密钥分发。量子隐形传态利用量子纠缠对分发和联合测量，实现信息的传输。量子隐形传态中的纠缠对制备、分发和测量等关键技术距离实际应用还相去甚远，当前依然处在研究和探索阶段。量子密钥分发主要利用量子叠加态的传输测量来实现通信双方的密钥共享，然后，通信双方均使用等长的密码进行加解密操作，最终实现绝对安全的量子保密通信。量子保密通信已成为未来一种有巨大潜力且能够保障信息安全的通信方式，是量子通信领域优先发展的方向之一。

（二）绝对安全高效

和传统的通信方式相比，量子通信具有许多优点，首先，安全性特别高，只要量子态不被破坏，则其传输的信息就不会被窃听，更不会被复制，所以从这个意义上讲，量子通信是绝对安全的新型通信方式；其次，传输的过程中不易受到外界的干扰和阻碍，抗干扰能力特别强；最后，量子通信还具有通信容量大、传输速度快等优点。

在安全性方面，传统通信方式有很多缺陷，例如，发送的密钥容易被人截获，且加密方式也很容易被破解。但量子通信方式突破了传统加密方法的束缚，虽然同样要将信息进行加密传输，但它是以不可复制的量子状态作为密钥，根据量子态的不确定性实现随机密钥发送，且配合传统加密方式，实现量子密钥的不可破译，即使有人截获密文，也无法获取其真实信息。因此，只需要使用传统方式对信息进行加密，然后进行发送即可，中间通过量子通信卫星发送密钥，接收方得到密钥后即可解密传统信道获得的信息，最终完成解密实现量子通信。根据目前的科技水平，量子通信是不可能真正被窃听的，因此，它就是一种绝对保密的通信方式。正是因为具有绝对保密性优势，所有它可以完成经典通信所不能完成的特殊任务，如构建无法破译的密钥系统等。量子通信已成为当今世界关注的科技前沿，并且迅速吸引了全世界的目光。

中国正在大力发展量子通信技术，为我国国防安全提供更有力的保障，因为作为军方实时传输信息的通信渠道更需要安全、保密、快速的多重保护。量子保密通信不但在国家安全方面有重要应用，而且在金融信息领域同样有广泛的应用前景，并已逐步走进我们的现实世界，保护我们个人的各种社交账号隐私等。量子通信是迄今唯一被严格证明无条件安全的通信方式，可以有效解决信息安全问题。量子通信已成为现代通信的必经环节，这也为我们未来的通信安全提供了巨大保障，使我国国防信息的传输变得更加安全、隐秘。此外，超强的抗干扰能力、良好的隐蔽性能以及低噪音比也是量子通信的显著特征。量子通信线路的延迟几乎为零，信息传输效率高，可用性高，且不受空间环境的影响，具有良好的抗噪性能和广泛的应用前景。

（三）日新月异

量子通信因为具有绝对的安全性，所以在国家安全、金融信息等领域具有广阔的应用前景。从 20 世纪 90 年代开始，为了使量子通信尽快走上实用化道路，国内外许多学者都为之做了大量的、非常有意义的研究工作。各大国之间也展开了激烈的竞争，都相继对量子通信的研究进行了布局和规划。美国自 1993 年开始就展开了量子通信理论的相关研究；欧盟在 1999 年也对量子通信的理论研究进行了布局；日本更是将量子通信作为 21 世纪科技优先发展的方向之一；我国虽然在量子光学研究领域的起步较晚，但是发展势头良好，尤其是近些年来，受益于国家政策的大力支持，我国学者在量子通信研究领域取得了不俗的研究成果，呈现出日新月异的景象。

2006 年，中国科学技术大学潘建伟团队和美国以及欧洲联合研究小组各自实现了 100 公里级别的量子密钥分发实验，从此揭开了量子通信由理论转向实用的大幕；2008 年，潘建伟及其科研团队又成功研制了光纤量子通信的原型系统，并在合肥建成了实用型的量子电话网，成为全世界能够实现量子通信网络实用化仅有的两个研究团队之一；2009 年，潘建伟团队又进一步建成了世界上首个全通型量子通信网络，并实现了语音量子通信，该成果标志着中国在城域量子网络关键技术研究以及实用化方面走在了世界前列；2016 年，我国自主研制的世界首颗量子通信卫星“墨子号”成功发射升空；2017 年，全长 2000 余公里的京沪量子通信网络正式建成并开通运营，而且还通过北京接入点实现了与“墨子号”的联通，为实现覆盖全球的量子保密通信网络打下了基础；2021 年，中国科学技术大学潘建伟团队又宣布，实现了 4600 公里级别的星地量子密钥分发，这标志着我国在天地一体化量子通信网建设方面取得突破性进展，为下一步实现广域的天地量子通信铺平了道路；2022 年 4 月，清华大学龙桂鲁团队和陆建华团队合作设计了一种量子直接通信新系统，其通信距离达到了 100 公里级别，创造了当时世界最长的量子直接通信距离，为下一步实现无中继条件下的城际量子直接通信奠定了坚实基础；2022 年 7 月，“济南一号”量子微纳卫星成功发射，在世界上首次实现了微纳卫星和小型地面站之间的实时天地一体化量子密钥分发，不仅为构建实用化的量子保密通信作出了开拓性的贡献，而且进一步推进了量子卫星地面站规模普及；2023 年 3 月，北京量子信息科学研究院袁之良团队利用光基于自主开发的相干边带稳相与异地激光源频率校准技术，首次利用开放式架构、但不用服务光纤的新型量子密钥分发系统，成功完成了低损耗 615 公里级别的光纤量子通信实验，并且打破了无中继量子密钥分发的码率界限，还成功演示了臂长差为百公里的量子密钥分发实验，是目前最长臂长差纪录，这一成果有助于光纤量子密钥分发距离向千公里级别突破，也有利于未来构建多用户多节点的城际量子保密网络，对基于单光子干涉的分布式量子网络也具有重要意义，为未来我国建设多节点广域量子网络奠定了基础。

图 3–2 “墨子号”实现基于纠缠的无中继千公里级量子保密通信实验示意图

图片来源：中新图片 / 中国科学技术大学潘建伟团队

四、量子技术的现状与未来

《中华人民共和国国民经济和社会发展第十四个五年规划和2035年远景目标纲要》明确指出，聚焦量子信息等重大创新领域组建一批国家实验室，加快布局量子计算、量子通信等前沿技术。西班牙著名物理学家胡安·伊格纳西奥·西拉克提出，量子计算机的发展和进步为金融信息、医药研发等领域的发展提供了无限可能。美国《福布斯》双周刊网站更是将促进新药和新材料研发、在金融领域“大显身手”、应对气候变化、量子安全作为量子技术可能改变未来世界的几种方式。[①]

① 参见刘霞:《量子技术改变世界的四种方式》,《科技日报》2021年12月3日。

（一）直道超车

量子科技行业将带来传统计算理论无法比拟的先进运算能力。量子通信、传感和定位技术将极大提高各兵种军事指挥系统的安全性，将会给未来战争形态带来革命性的变化。量子技术很可能为人类社会开启一扇新的大门。目前世界强国都在加强这方面的投入，我国量子科技行业虽然起步较晚，但是凭借政策大力支持及大量资金投入，在量子通信领域成功实现了直道超车，在试点应用数量和网络建设规模方面全球领先，并且多项建设纪录领跑全球，但我们依然不能放松。从国家到地方，都要给予量子通信高度关注，支持量子技术发展和开展量子保密通信网络建设。数据显示，2019 年，我国量子通信行业市场规模为 325 亿元，预计到 2025 年，我国量子通信行业市场规模将超 800 亿元，达到 824 亿元左右。

中国信息通信研究院发布的《量子信息技术发展与应用研究报告（2020 年）》统计显示，从 2000 年到 2019 年，全球量子信息三大领域科研论文发文量持续上升，美国科研论文数量超过 12000 篇，位列世界第一，中国紧随其后超过 9000 篇，德国、日本、英国分列第三到第五位。其中在量子通信、量子计算、量子精密测量三个领域，中国的论文发表量分列第一位、第二位、第二位。量子科学与技术的发展不仅催生了全球定位系统的出现，很多其他先进的应用技术也都发展了起来。一系列量子技术的应用开创了量子科技第一时代——现代信息时代。目前，我国企业拥有超过 3000 件的量子技术专利，在全球位居第一，第二位的美国只有 1500 件，我国拥有的量子技术专利数量是美国的两倍。

（二）颠覆者

量子探测主要是利用量子力学的基本特性，从而实现对战场目标的各种探测。目前，量子探测主要应用于量子雷达和量子导航等领域，这些技术的应用将以革命性和颠覆性的方式改变战争形式，将在军事领域大显身手，因此受到许多大国关注。量子雷达被誉为战场真正的“千里眼”。即使是千里之外最先进的隐身战机，量子雷达也能瞬间让其无处遁形，量子雷达强大的反隐身能力使其拥有隐身战机的“克星”称号。同时，量子雷达还具有超强的抗干扰能力，即便在复杂的背景噪声中，它依然能够“精准无比”地剥离出探测目标，并对其行踪作出准确判断。[①] 据推算，即使是单光子量子雷达制导的作战飞机，其作战距离就可达到 1000 公里，让非接触式作战向千公里量级迈进。同时，量子雷达还可以有效避开反辐射导弹的攻击，进一步颠覆现有的作战模式，让作战形态向“量子化”转变。此外，利用量子成像技术还可有效消除大气对成像技术的干扰，获得普通雷达无法获取的战场图像，让敌方的一举一动尽收眼底，做到战场知己知彼。因此，有军事专家预言，一旦真正的量子雷达服役战场，那么即使是最先进的隐身战机也将毫无优势可言，所以量子雷达将会在人类战场探测领域掀起一场巨大的革命。量子计算机的军事化应用进程正在加速，军事价值愈加彰显。运用

① 参见《量子技术，颠覆未来战争》，《中国国防报》2019 年 2 月 12 日。

量子计算机超高计算能力能够迅速破解对方密码，并实施对抗破坏，牢牢把握战争信息的主动权。智能化和无人化战争需要及时对信息进行辨别和评判，从而全面把握战场形态，提高自主决策能力。量子计算机还可以用于多种新型武器的设计和研发，如对核爆炸的冲击波进行更加深入的研究，从而更加直观地了解核爆冲击波带来的影响。随着武器的发展，武器系统工程也越来越复杂，传统的计算机难以满足复杂系统的评估工作，而量子计算机很好地解决了这样的难题。相信随着量子技术的发展，未来复杂系统的计算难题将会在量子“纠缠”中迎刃而解。

科学社会学的奠基人约翰·贝尔纳曾说：“科学与战争一直是极其密切地联系着的。”现如今，如果人们要追溯信息化战争的科技源头，那毫无疑问是 1946 年世界第一台计算机诞生所开启的信息工业革命。然而，近年来不断突破的量子信息科技正在开启新的工业革命。21 世纪的量子技术会像 20 世纪的计算机一样，可能是一项变革性的技术。在智能化、无人化战争概念的发展下，融合量子技术优势的未来战争形态将会形成新的军事变革浪潮。目前，量子技术在军事应用领域已呈现出广阔的前景。为此，美国以及一些西方发达国家的军队都相继出台了一系列发展量子技术的计划，目的就是加速推进量子技术的军事应用。可以预测，在不久的将来，量子技术在未来战场的各个领域都将发挥不可替代的作用，成为未来战争真正的“颠覆者”。①

① 参见《量子技术，颠覆未来战争》，《中国国防报》2019 年 2 月 12 日。

（三）未来可期

和量子探测一样，量子侦测主要也是利用量子力学的基本原理特性，实现对战场目标探测、成像和定位等。随着科学技术的不断发展，量子侦测未来可期。通过对单个光子进行探测和计数，利用、控制辐射场的量子涨落来得到物体的量子图像，量子成像技术在光刻、激光雷达、水下成像等领域都有应用，它可以突破传统相机的各种限制。全新的量子成像技术甚至可以穿过浓雾、看透墙壁，从而在战场中实现“穿墙术”式的量子侦测。基于量子纠缠和量子压缩的星基空天量子定位系统，为用户时空坐标带来了质的提高，不仅测量精度误差更小，而且其检测的灵敏度更高。如果将量子定位系统和量子密钥协议二者有机结合，不仅能够实现绝对安全的信息处理，而且能够显著提高量子定位系统的安全性。新一代的量子惯导技术不仅不依赖于外界的信息，而且其隐蔽性更好、安全性更优、自主导航能力更强。更重要的是量子惯性的导航不需要 GPS 信号，因此，它可以在 GPS 拒止环境下使用，极大提高了战场的适应能力。随着量子技术的不断发展和进步，可以预测，未来的量子导航在速度和精度方面都会取得突破性进展。

（四）大有可为

运用更深入的分析和更快的交易，量子计算机可以利用其自身的优势为金融业带来许多潜在应用。因此，不少金融机构正千方百计利用量子计算来促进各自数据的传输速度。例如，摩根大通银行就一直在尝试实践量子计算技术，希望能够借助其优势来优化投资组合以及能够更准确地进行风险评估等。此外，量子计算机还可以用于资产管理、欺诈检测模拟以及金融建模等。显然，对世界各国的金融机构来说，如果能够更好地进行金融建模，则意味着更低的处理成本和更快的交易速度，毫无疑问这是一种双赢，所以，量子计算机在未来金融领域将会大有可为。①

量子世界既科幻又真实，既诡异又神奇。可以预见，在不久的将来，量子技术的发展会很快从理论走向实践，并逐渐向应用化方向发展。我国的量子技术研究虽然起步较晚，但是近年来经过广大科技工作者的不懈努力，在量子通信和量子计算领域取得了一些不俗成绩，抢占了一些制高点。但同时我们也要清醒地认识到，量子技术在其他领域同样具有许多潜在的应用价值，相比欧美发达国家，这些领域的发展我们毫无优势可言。因此，我们应该多角度、全方位、深层次来规划和发展我国的量子技术。目前，世界各国都在不遗余力地发展自己的量子技术，在量子技术这个新的赛道上竞争依然异常激烈，如何才能全面抢占 21 世纪最伟大的黑科技的制高点，值得我们每个中国人为之付出努力。

① 参见刘霞：《量子技术改变世界的四种方式》，《科技日报》2021 年 12 月 3 日。

第四章

高性能计算

不可或缺的国之重器

高性能计算是继理论科学和实验科学之后，人类科学研究的第三大范式，是科技创新的重要手段。它属于计算科学的范畴，用计算的方法来解决问题，帮助人类探索科学、工程及商业领域中的一些世界级的重大难题。高性能计算是新时代先进算力的代表，是衡量国家综合实力的基准之一，具有重要的国家战略地位，是不可或缺的国之重器。

一、计算机科学与工程的“皇冠”

高性能计算在国家层面一直受到高度关注，从天河超级计算机开始，中国就投身于激烈的全球超级计算研发竞争中。对大家来说，高性能计算似乎离我们很远，但其实它正在给我们带来前所未有的改变——使工作更高效、使娱乐更加丰富多彩、让我们更了解自己、探索地球以外令人振奋的新奇事物……高性能计算正从“信息时代”走向“知识时代”，迈进“E（百亿亿次级计算）时代”。

（一）人类生活离不开的高性能计算

高性能计算（HPC，又被称作超级计算）和日常计算一样，区别只在于它的计算能力更强大，其本质是一种具备高速处理能力的计算机技术。它本身并没有确切定义，泛指快速、量大和性能高的一类计算，从直观上讲，是指通过网络将多个计算节点组织起来共同工作，形成功能更强大、算力更先进的超级计算技术。通俗地说，就是“集中火力干事业”！高性能计算可以使整个计算机集群为同一任务工作，更快地解决一个复杂的问题。目前，有许多类型的HPC 系统，如标准计算机的大型集群等。

人类生活的诸多领域都离不开高性能计算，如航空航天、汽车制造、核试验模拟、军事情报搜集处理、天气预报、新型材料、高速铁路和飞机以及互联网服务等。科学的建模、精密的参数、良好的算法、高效的软件等都是使高性能计算拥有强大优势的关键要素。依托高性能计算，我们可以开展很多新的具有高挑战度的研究，而这是目前计算机无法完成的。同时，它可以减少真实实验的高额成本，也不会对当今环境造成负面影响。

高性能计算机是计算机和网络的结合，是计算机科学与工程的“皇冠”。它是计算机技术的源头之一，是互联网产业依赖的核心技术。目前的 PC 机运算速度通常在 GFlops 量级（每秒 10 亿次的浮点运算数），而超级计算机运算速度则在 TFlops（每秒一万亿次的浮点运算数）至 PFlops 量级（每秒一千万亿次的浮点运算数），2022 年已研发出了新一代 EFLOPS 量级（每秒一百亿亿次的浮点运算数）超级计算机。

（二）不可替代的战略工具

高性能计算是国家实力持续发展的关键支撑技术之一，其重要战略地位在国防建设、科技发展和国民经济建设等方面尤为凸显。高性能计算能参与解决诸如飞机设计、人类基因、海洋环流新材料、半导体建模等重大挑战性问题，早已成为现代社会科学研究、社会服务、经济活动等多领域不可或缺的战略工具。

发达国家因高性能计算的重要战略地位，制定了一系列的国家计划和部署。以美国为例，1983 年，多部门向政府提出的报告指出，大型科学计算关系到国家安全，是现代科学技术的关键部分，大型计算的绝对优势不容动摇。1993 年，相关部门向国会提交的相关《高性能计算和通讯（HPCC）计划》的报告指出，高性能计算为美国在国家安全方面保持世界领先地位作出了重大贡献，HPCC 计划具有战略性。2005 年，美国国家科学院提交相关“超级计算机未来”的报告，相关重要国家部门提交《计算科学：确保美国竞争力》的报告。克林顿执政时期，大力研制一代代计算机，建设诸多超级计算中心。小布什执政时期，再次强调“HPC 是国家核心竞争力，要大力发展”。奥巴马执政时期，基于中国拥有了世界上最快的计算机，他强调美国决不能松劲。

在我国，有多个“五年”周期规划对高性能计算的研发进行了资助，如“863 计划”、“973 计划”、国家自然科学基金重大研究计划等。国务院发布的《国家中长期科学和技术发展规划纲要（2006—

2020 年）》，把“以新概念为基础的、具有每秒千万亿次以上浮点运算能力和高效可信的超级计算机系统”作为重点开发领域，把高性能计算作为大型科学工程重点建设。目前，我国“科技创新2030—重大项目”等一系列国家战略规划与政策很好地支撑了高性能计算研发需求。

高性能计算的这种不可替代的战略地位，是由它自身发挥的重要作用所决定的。这主要体现在三个方面：一是 HPC 代表了先进计算的最尖端。超级计算机推动了 E 时代的进程，直接或间接影响到诸多服务器、计算机、手机等 IT 平台。二是赋能大数据、深度学习等方面的创新。高性能计算越来越多地应用于这些领域处理不同种类结构的数据，如视频、图片等，进而促进这些领域更宽广的创新。三是带来巨大的经济收益。高性能计算的使用会带来巨大经济收益，据国外相关调研数据，高性能计算企业每投入 1 美元，收益将平均增加 452 美元。在金融、生命科学等领域对应的比例则是 1∶504。

高性能计算是具有战略性的、颠覆性的技术，拥有超级计算机有利于国家安宁、科技进步、社会发展。具体来说，高性能计算技术的发展，能降低其自身的使用成本，具有更宽泛的普适性，其应用领域也直接渗透到飞行器模拟、信息安全等具有国家战略意义的项目中，也能用于解决能源短缺、环境污染、灾害预防等重大挑战性问题。

（三）大国重器驱动科技创新

高性能计算与科技创新紧密相关。科学创新重视高性能计算算力的提升，高性能计算技术的每一次飞跃都为科学研究提供了全新的手段。高性能计算已经成为21世纪最重要的科技领域之一，能促进新的科学和技术发现。目前E量级的超算计算机每秒运行速度为百亿亿次，因其能更真实地模拟和仿真，故而能解决更加有挑战性的问题，涉猎到了更加复杂多变的技术、工程领域。近年来，发展先进计算技术与产业是世界各大国家在新一轮科技革命与产业创新的重要切入点。

从20世纪70年代起，美国就推动实施了包括《高性能计算和通讯（HPCC）计划》等在内的一系列国家计划，美国总统信息技术咨询委员会报告郑重指出，对于高性能计算的研发，如果不能全力以赴，并且高瞻远瞩，美国科技领先地位很难保持，这将影响几代人！足见高性能计算在美国的科技地位。

为了打造国之重器，让科学技术和研究成果造福于社会，中国科技在新中国成立以来获得了重大发展，超级计算机的研发就是一个典型。邓小平提出“科学技术是第一生产力”的重要论断后，科技研究就迎来了属于自己的春天。从1978年承担了研制巨型计算机的任务开始，到1983年研发成功中国第一台每秒运算一亿次以上的“银河”巨型机；从2010年“天河一号”摘下全球超级计算机500强榜单第一名，到2018年研发出“天河三号E级原型机系统”……中国超级计算机研发过程实现了从无到有、从跟跑到领先的蜕变，跳出了“追赶—落后—再追赶”的怪圈。高性能计算相关产业与一般产业不同，它的科技含量高、研发任务艰巨，处于科技创新前沿，引领和支撑其他产业发展，耗费投资巨大。我国高性能计算技术的研发经历了艰辛的探索之路，已经达到了国际先进水平。能取得这样不菲的成就，得益于国家的高度重视及大量科研投入。这期间，我国高性能计算技术11次拿下世界第一，连续两次在高端应用上获得国际高性能计算机最高奖。这40余年“超常速”的发展彰显了大国重器对科技创新发展的驱动作用。

二、高性能计算的发展与现状

依靠卫星传回的精确数据及时采取措施减少了自然灾害，研制成治疗各种疾病的药物挽救了更多的生命，诸多此类技术都离不开高性能计算背后默默的支持。探讨高性能计算的发展，一定要提到“高性能计算之父”西蒙·克雷。1964年，西蒙·克雷研制出了CDC6600，其被安装到美国国家实验室，由此开启了高性能计算近60年的发展与繁荣。

（一）既“顶天”又“立地”的发展变革

高性能计算的发展一直致力深度和广度上的拓展，即探究永无止境的计算需求和应用前景广泛的高性能服务器。它的发展可以用一句话形象地概括：既要“顶天”，又要“立地”！“顶天”是指高性能计算的发展追求性能的巅峰是第一要务。“立地”就是高性能计算机应用广、台数多，被用得越多、越广，越能体现出自身价值。

高性能计算近60年的发展历程大致可以分为两个阶段。一是克雷时代，以向量机的技术革新为主。20世纪70年代，高性能计算的先河——克雷机一经推出，大受美国能源部、国防部追捧，被争相采购。80年代，我国推出了向量机——“银河一号”，它的研制是开创性的，标志着中国是第三个，也是继美国、日本之后能独立设计和制造巨型计算机的国家。西蒙·克雷定义和引领了高性能计算市场30年。第一个时代以“顶天”的研发与突破为主，不过缺点也很明显：软硬件要专门定制，这导致超级计算机的制造价格昂贵。二是多计算机时代，也即从20世纪90年代迄今的30年，以互连多个通用计算部件技术创新为主导。从增加处理器数量的使用到大规模并行处理，节点间用专用高速网络连接。这些改进革新，大幅提升了性能，但同时，对硬件设备要求更高，成本仍然很高，扩展能力不充足，进而开始了到计算机集群的发展，即互联网新技术发展的综合体。这后30年的发展变革，“立地”成为发展的主要目标，显著特点是市场驱动和应用的普及。现在，我们实际正处于计算机集群发展革新的时期。它能实现超强的扩展能力，研制成本不高，目前它的发展方向已转向商用，商业前景很好。它面向商用用户时，更考验其性能和经济性。超级计算机是集群架构的一个主要领域，如我国的“神威”“天河三号”，美国的“泰坦”“Summit”，日本的“京”，都是集群架构。

高性能计算应用与相关技术的发展相互促进。高性能计算发展

图 4-1 “天河三号”E 级原型机　　图片来源：中新图片／佟郁

伴随着主流技术的演变，从巨型机萌芽到向量机鼎盛；从机群发展到定制机器的使用，可以看到计算机技术的发展提供了给力的支撑工具和物质基础。另外，应用领域的拓展进一步助力高性能计算技术发展。例如，高性能计算技术被应用于核武器研究和核材料储存仿真以及环境保护等诸多领域。有意思的现象是，当前游戏等娱乐项目业已成为高性能计算应用深度渗透的领域。

（二）如火如荼的国外发展现状

超级计算能力在过去 30 年呈指数级增长，高性能计算的发展现状在不同国家也不尽相同，世界各国之间高性能计算发展在如火如荼地进行。自世界超级计算能力到达 P 级计算（每秒千万亿次计算）之后，各国已经开始瞄准下一个性能目标——E级计算（每秒百亿亿次计算）。

美国深刻认识到高性能计算在现代社会的重要地位，为其频出新政。近年来，美国推出了“国家战略计算项目”，旨在最大限度地把高性能计算的研发成果造福于经济竞争与科学发现，研制世界上第一台百亿亿次计算系统，把战略目标定为：确保美国在高性能计算方面处于领先地位。随后，美国推进SCP（战略计算机计划）、HPCC（高性能计算和通信）、HPCS（高生产率计算系统）等国家计划。①

当前，美国关于高性能计算方面设定的战略目标主要包括：加快百亿亿次计算系统的交付；加强建模、仿真技术与数据分析计算技术之间的融合；在后摩尔时代为高性能计算系统开辟一条坦途；实施整体方案，综合考虑联网技术、基础算法与软件、劳动力发展等诸多因素的影响，提升HPC生态系统的可持续性。美国仍在继续加强加大研发投入和相应的领域，提出了UHPC（普适高性能计算）计划，目标是研发相关方案满足国防应用的需求。

1993年，全球超级计算机排名TOP500由美国的杰克·唐加拉教授等人发起，这是高性能计算领域最权威的全球性榜单之一。2015年，TOP500台高性能计算机有233台安装在美国。2016年公布的全球超级计算机TOP500榜单中，美国入榜的超级计算机达171台，占比全球数额的34.2%。2022年6月公布的全球超算

① 参见陈骞：《美国高性能计算发展分析》，《上海信息化》2017年第1期。

TOP500榜单，前十名中有5台在美国，美国橡树岭国家实验室的E级超算Frontier成为全球第一款E级超算，夺取第一名。[①] 数据显示，Frontier的最大运算能力达110亿亿次，最让人惊叹的是它的能耗极低，稳居超算能效比第一位。这表明当前高性能计算正式进入E时代。目前，美国高性能计算在全球范围内具有绝对竞争力，领先优势也十分明显。

日本政府非常重视高性能计算技术，一直以来位列高性能计算大国。早在1990年，日本研制出了当时全球速度最快的计算机；1993年以及2004年分别研发的“数值风洞”系统、“地球模拟器”在当时均位列全球第一。2015年，全球TOP500高性能计算机榜单中，日本有40台，前十名有1台。2022年全球TOP500高性能计算机榜单中日本的Fugaku（富岳）排名第二，它曾获得三连冠。

欧洲一直是高性能计算研发的活跃区域。欧洲国家的多个高性能计算中心联合发起DEISA项目，旨在广泛建立高性能计算基础设施。面向E量级的计算需求，欧洲提出了EESI和Mare Incognito超算计划，主要依托并行编程模型、应用算法等核心技术来突破百亿亿次级计算难关。

欧盟与欧洲在高性能计算研发上进行了广泛合作。例如，发布了“HPC战略研究议程”，旨在百亿亿次计算机的研发、建成欧洲第一台百亿亿级的超算“木星”。ETP4HPC（欧洲高性能

① 参见谭晶晶：《全球超算500强新榜单：美国百亿亿次级超算夺冠，中国上榜数量最多》，人民网2022年6月2日。

计算技术平台）在欧洲HPC生态系统中发挥着引领作用。2013年，ETP4HPC与欧盟委员会签订合同制公私伙伴关系，欧盟“地平线2020”（H2020）计划对HPC投资7亿欧元；2015年11月，ETP4HPC发布2015年版HPC战略研究议程（SRA）提出了新的技术领域和新的概念以及HPC技术研发四维度，分别是新技术研发、解决极限规模需求、开发新的HPC应用、通过技能培训和服务支撑提升方案的可用性。2015年，全球TOP500高性能计算机榜单欧洲占比席位为28%。2018年1月，欧盟委员会和各成员国发起“欧洲高性能计算共同计划”。2022年全球超算TOP500榜单，芬兰的LUMI超级计算机位列第三，意大利的超级计算机“莱昂纳多”位列第四。2022年6月，EuroHPC（欧洲高性能计算）宣布，2023年底，欧洲首台百亿亿次级计算机“木星”将在德国于利希研究中心投入使用。

（三）后劲十足的国内发展现状

中国的“曙光4000”系统对每秒10万亿次运算速度的技术和应用实现了双跨越，被称为“商品化超级计算机”，在2004年首次进入TOP500榜单前十，这标志着中国已经成为第三个跨越了10万亿次计算机研发、应用的国家。

近年来，在国家“863计划”“973计划”等国家计划的支持下，中国高性能计算产业飞速发展，跻身国际先进行列。随着我国大数据等信息技术的持续突破，高性能计算的应用及需求越来越多。高性能计算从提供软硬件资源为主逐渐转变为提供算力服务、打造应用服务生态为主，研发成果有突破性进展。2008年，成功研制百万亿次计算机“深腾7000”“曙光5000”；2009年，国防科技大学成功研制千万亿次计算机“天河一号”；2010年，曙光公司成功研制千万亿次计算机“星云”，位列全球超算TOP500榜单第二。2010年，“天河一号”系统升级后获得了全球超算TOP500榜单第一。2010年底，“神威·蓝光”成为我国第一个全部采用国产CPU实现千万亿次计算的超级计算机。2016年，我国郑纬民及其团队参与的项目斩获有着“世界超级计算应用领域诺贝尔奖”之称的“戈登·贝尔奖”，实现了该奖项创办30年来我国高性能计算应用成果上零的突破。

从20世纪90年代开始，中国科学院计算技术研究所、国防科技大学和江南计算所等单位着力发展既要“顶天”更要“立地”的高性能计算机，成立了国家智能计算机研究开发中心，致力追赶和超越美、日等国家高性能计算机研制水平。高效践行“863”计划中的“顶天立地”战略，重点发展低费效比的架构与并行处理技术：由多处理器结构到海量并行处理结构的优化升级，最后发展机群系统架构。2020年6月，全球超算TOP500榜单中国上榜226个，占45.2%。

对于中国高性能计算机发展的现状，有人认为中国实力远超美国，也有人认为中国的超级计算机是“用航母运载沙丁鱼”。[①] 习近平

① 参见李国杰：《序言：发展高性能计算需要思考的几个战略性问题》，《中国科学院院刊》2019年第6期。

同志曾指出："坚持实事求是，最基础的工作在于搞清楚'实事'，就是了解实际、掌握实情。"[①]正确的战略决策要求我们必须不断对实际情况作深入的系统性研究，在攀登计算机领域"珠穆朗玛峰"的关键时刻，我们需要对我国高性能计算机的这件"实事"做深入的系统性探究。

高性能计算已成为继航天和高铁之后的又一张"中国名片"。我国目前已建成17个高性能计算中心，由此构建成的国家高性能计算服务环境、资源水平世界领先。在全球超算TOP500榜单中，我国已连续十余次夺冠、连续2次获得戈登·贝尔奖。取得这些卓越的成绩，得益于国家采取的高瞻远瞩的战略政策。

数十年来，我国高性能计算机技术积聚起来的研发力量包括：国家并行计算机工程技术研究中心、中国科学院计算技术研究所国家智能中心、曙光公司等。自"九五"时期以来，高性能计算机有了持续的发展。"十一五"期间，依托"高效能计算机及网格服务环境"重大项目，我国先后成功研制了若干台百万亿次和千万亿次超算系统、中国国家网格软件CNGrid GOS等。2019年底，中国完成新一代E级超算机的原型机型。"十二五"期间，我国"天河二号"连续四次位居全球超算TOP500榜单第一名，超级计算机研制势头良好。"十三五"期间，三个E级超算的原型机（"神威""天河三号""曙光"）系统均完成交付。2020年以来，"十四五"规划和新基建驱动政府加大了投资力度，驱动我国高性能计算中心建设进入

① 习近平：《坚持实事求是的思想路线》，《人民日报》2012年5月16日。

高速增长期，单个大型高性能计算中心初步预计投入 20 亿元以上，政府规划的高性能计算中心市场规模若按平均每年新建 5 个高性能计算中心来计算的话，总额每年预估 100 亿元左右。此外，积极布局高性能计算机的行业还包括互联网、金融等。

三、高性能计算发展的瓶颈与挑战

高性能计算的发展目前面临亟待解决的一系列“卡脖子”问题。例如，通过单核处理器性能上的优化去提高算力非常困难；现在对算力的需求日益剧增，如科学与工业领域的仿真模拟、游戏渲染需要满足人的娱乐需求、人工智能需要算力进行模型训练等。

（一）遭遇的发展瓶颈

需要翻越“三座大山”。这“三座大山”具体是指封锁、垄断和创新。2015 年，国防科技大学及相关超算中心遭禁运。2019 年，美国将曙光及相关子公司列入“实体名单”。到现在为止，美国已经把中国主要的超级计算机研制单位全部列入“实体名单”，实行禁运和封锁。近年来，高性能计算机面临的芯片危机长期存在，中国也长期面临西方国家的技术封锁和市场垄断。IBM 等国外企业长期垄断国内市场，使用成本高昂导致国内高性能计算机价格性能比很高，很难大面积推广。我国在高性能计算应用软件方面对工程计算软件的进口依赖性较大，研发 E 级和后 E 级计算在严峻的国际环境下很难，涉及体系结构的优化升级、关键技术的突破和软件硬件的协同等创新。因此，发展自主可控的高性能计算至关重要。

很长一段时间，高性能计算机领域的可持续发展困难重重，主要表现为没得用（少）、不适用（兼容性）、用不起（成本高）等问题。如果计算机水平相对落后，计算资源严重不足，则仅能满足国家少数重要战略部门的需求。中国高性能计算机的发展首先是打破“玻璃房子”，突破禁运；其次是实现产业化，走下“神坛”；最后是进行普及化，让一些科研及设计人员可以使用高性能计算机。

需要突破“三面围墙”。这“三面围墙”具体是指存储墙、编程墙、功耗墙。高性能计算总会遭遇存储器性能与处理器性能存在巨大差距、不匹配的问题，即系统结构的失衡。高性能计算速度的提高总是比处理器性能提高速度更快，形象一点的描述就是“系统吃得进，吐不出”。在编程方面，可能同时面临在建模、编码、调试、优化、运行、维护等环节上所遇到的各种困难，因此交织形成了“编程墙”。当前功耗已经成为制约高效能计算机发展的主要因素之一，在漏流增大、功耗增大时，会导致芯片过热，器件的稳定性下降，信号噪声增大，影响器件正常工作。高性能计算机主要有定制、混合与商用等类型，它们主要是针对不同的存储访问模式提供不同的存储访问带宽，因此突破的思路必须从系统存储体系结构上创新入手。高性能计算系统结构复杂，数据共享与消息通信模式相互交织，需要编写的程序越来越复杂，软件的研制周期大于硬件的研制周期。可见，高端计算的真正危机在于软件。

（二）面临的发展挑战

迈进E时代，高性能计算面临的发展挑战可划分为两个阶段：摩尔定律失效前和后摩尔定律时代的革命性技术。目前，E级超级计算机的研制技术路线还不清晰，在高性能计算机体系结构和系统技术上如何创新是最大的挑战。因为E级超级计算机需应对系统的复杂性、高能耗等问题。例如，单个芯片的功耗急剧升高，导致整个系统的总功耗越来越高，高性能计算综合成本将急剧增加。具体来说，面临的发展挑战主要表现在以下几个方面。

一是能效比的挑战。归结起来，高性能计算高昂的效用成本、有限的计算密度、老化的高性能计算设备使其功耗、建设成本与日俱增。目前，世界性能及算力领先的超级计算机的功耗大部分在兆瓦甚至10兆瓦量级，这极大增加了能耗成本。制约E级机实现的最大技术障碍之一是能耗比。例如，美国、日本、欧盟等一些国家目前制定的百亿亿次计算规划基本将系统功耗目标设定为20MW，即每瓦500亿次浮点计算。目前最“绿色”系统为日本理化所研制的Shoubu system B，它是Green500（绿色超级计算机500强）排名第一的高性能计算机，其能效比与E量级机的能效指标相差10倍左右。从目前的技术水平估计，即使考虑摩尔定律因素，把功耗目标优化至理想状态仍存在相当大的困难。

二是系统可靠性的挑战。随着后摩尔时代的到来，器件特征尺寸已趋于物理极限，当前器件已经难以满足未来更高性能计算机的需求。那么，首要的挑战就是如何构建后E级时代超算系统？随着高性能计算机规模越来越大，软、硬件结构越来越复杂，E 级系统中的故障检测与诊断也变得非常有挑战性。系统的平均故障工作时间在亿亿次的规模下仅为 5 小时左右；而在 E 级系统中，在概率上平均故障工作时间会变得更短，其可靠性问题将会更加严重凸显出来。越来越短的平均故障工作时间会导致传统的周期性保存现场的粗粒度检查点机制失效，传统的容错设计可靠性有待优化。亟须提高故障检测与诊断的能力，使 E 级计算机系统能够快速发现故障，避免故障在系统中扩散，从而缩短系统的恢复时间，保障系统的可靠性。

三是性能应用效率的挑战。目前，构建 E 级计算机系统大量使用了 GPU 或众核处理器，它们已经拥有数百计算单元，E 级计算机复杂的系统给并行程序的编写、调试带来了巨大的挑战，使峰值性能与应用性能之间的鸿沟加大，可能会发生仅发挥 1% 的峰值性能的状况，应用效率变得极低。一方面，极大规模并行带来了系统化的复杂性，编程模型须具有可扩展性、可移植性，才能将各异构层的内在并行性和局部性融合起来；另一方面，编程范式需要减少数据移动的开销。为了较好应对这一挑战，采取有效途径的思路可以是编程框架的优化、算法工具库的更新和改进等。归结起来，高性能计算性能应用效率挑战，来自几个“不匹配”：实际有限并行度与计算机大规模并行的架构不匹配、高速运算能力与很慢的访存取数不匹配、结点机高性能与结点机间极慢的通信传输能力不匹配等。

四是软件与算法开发的挑战。现代高性能应用程序极大程度依赖于多个数学库，这导致了相对复杂的依赖关系。虽然众多国家在广泛使用的数值计算软件与数学库时做了优化整合，降低了互操成本，互相借鉴。但在整合的同时还能保有数值计算软件包层、数学库层、算法层等多个层面性能的可扩展性仍是一个巨大的挑战。目前，GPU 计算能力已大幅提高，但对新软件和新算法的需求仍然非常迫切，对网络基础设施的投入都要考虑到软件和算法的开发。在数学库开发方面，应用数学取得进展能促进高性能应用程序的研发，从而应对 E 量级科学与技术的挑战。美国科学家曾建议美国能源部积极开展对新模型、抽象化、算法的研发投入，以充分发挥 E 量级计算的优势。

四、高性能计算的优势与前沿

比尔·盖茨曾说:“我们总是高估未来 2 年会发生的改变，低估了未来 10 年将发生的变化。”这句名言用到如今的高性能计算领域再贴切不过。10 年前，谁能想到高性能计算能让普通人在智能手机上点外卖。10 年前，几乎没有人能料想到英伟达和高通在 2022 年发布的智能汽车芯片 AI 算力高达 2000Tops（处理器运算能力单位），未来的智能汽车将是“装了四个轮子的超级计算机”。

（一）高性能计算的优势

高性能计算可以处理个人电脑无法处理的大资料量和进行高速运算，目前大部分超级计算机的运算速度可以达到每秒 1 兆（万亿）次以上。高性能计算通过专门或高端的硬件设备，将多个单元的计算能力整合，有效克服单个单元的计算能力局限。这就是混合并行计算，它能很好地发挥内存共享优势。此外，高性能计算的优势还体现在以下方面。一是强大的计算能力。中央处理单元和节点数量的不断增加带来计算能力越来越强，高性能计算机能执行单位时间内的更多运算，从而提高高性能计算的加速比。二是计算效率高，用户使用体验好。可以在短时间完成大量的复杂计算，节省了用户的时间成本。三是有很强的扩展性。能根据计算需求来申请资源，没有硬件的限制，兼容性较好。

（二）高性能计算广泛应用

高性能计算技术的应用已拓展至多个领域，有效推动了科学和社会的发展进步。应用领域归结起来有三类：一是科学计算类，包括物理化学、气象环保、生命科学、石油勘探、天文探测等；二是工程计算类，包括计算机辅助工程、电磁仿真等；三是智能计算类，包括金融、深度学习等。

高性能计算的应用已由传统应用领域拓展到新兴产业，包括新能源、新材料、航天技术、环境科学等。举例来说，飞行器设计的传统方法试验成本昂贵、时间成本高，并且能获取的信息很有限。采用高性能计算，借助其仿真手段，能减少原型机的试验，缩短研发周期，降低实验研究经费。目前，高性能计算在航空、航天、汽车等工业领域应用探索更多，在设计、分析、优化等环节逐步形成标准的流程式步骤。

在国外，高性能计算的应用规模庞大，多个领域的应用成果也

图 4-2　第五届世界智能大会上的国家超级计算天津中心天河芯片展区

图片来源：中新图片 / 李胜利

比较成熟。例如，政府部门对于民生经济、社会发展的监管和调控能力可以借助高性能计算来优化和提高，包括打击走私、风险预警、环境和资源等方面的监管。比如，荷兰皇家壳牌石油公司借助高性能计算发明创新，通过高性能服务器收集员工具有创意的建议，并集中处理，有效地提高了效率。美国通用电气公司借助高性能计算形成了一个由工程师、客户共同设计产品的平台，设计时间缩短为原来的 1%。

我国高性能计算应用的范围已在多个领域实现突破。依托国家“863 计划”，高性能计算应用范围扩展到了化学、激光聚变、大飞机、地震成像等领域，应用实例经验比较完善。例如，中山大学新成立的超级计算学院，主要是结合“天河二号”培养高性能计算方面的人才；“千万核可扩展大气动力学全隐式模拟”项目借助“神威·太湖之光”超算完成，这一成果的计算效率是美国下一代大气模拟系统的10倍以上。我国可扩展性非线性大地震模拟工具首次实现了非线性塑性地震模拟。2021年，我国研制的基于新一代“神威”超级计算机的量子计算模拟器，混合精度浮点计算性能达到每秒4.4百亿亿次计算速度，刷新了全球最高纪录，给未来量子计算的发展提供了坚实支撑。2021年，“基于自由能微扰－绝对结合自由能方法的大规模新冠药物虚拟筛选”项目借助天河新一代超级计算机完成，筛选出的化合物命中率达到51%。

（三）高性能计算迈向“CPU+GPU+QPU”时代

高性能计算前沿技术的发展和应用，引领着整个计算领域的发展走向，甚至引发划时代的飞跃，值得产业和社会持续关注。人类研发的高性能计算的运算速度从1988年到2018年提高了760亿倍。2022年11月，全球超算TOP500榜单中，美国的Frontier高性能计算机占据首位。该机本次运算速度得分成绩和2022年6月公布的榜单性能相同，仍是排名第二的日本“富岳”高性能机的3倍；同时，Frontier在衡量混合精度计算性能的得分达到7.94EFlop/s（每秒794亿次浮点计算），这对整个计算机科学来说是一个重大胜利。

近些年来，在AI大模型、AIGC、自动驾驶、蛋白质结构预测等各类人工智能应用的驱动下，高性能计算在架构、硬件和软件等方面的迭代和积累跨过了以中央处理单元为核心计算单元的1.0时代。以人工智能为中心的超算出现后，中央处理单元和图形处理单元协同工作，高性能计算在中央处理单元＋图形处理单元的2.0时代实现核心突破。现在将量子处理单元与中央处理单元、图形处理单元结合成新的计算架构，可以解决最棘手的问题，开发最尖端技术。这种部分量子系统、部分经典系统的“混合系统”正在被广泛探索，逐步成为超级计算机发展的新形态，由此高性能计算迈向了“CPU+GPU+QPU”的 3.0 时代。这将是一个巨变，相当于用 GPS 卫星取代纸质地图。高性能计算的发展趋势要点归结起来有三个：一是异构计算成共识，加速高性能计算 2.0 性能突破，3.0 探索中央处理单元 + 图形处理单元 + 量子处理单元；二是芯粒技术普及为未来算力突破蓄力，量子计算机硬件为应用转化持续积累；三是 AI 技术应用于高性能计算，算法和软件将成为量子计算新驱动力。

高性能计算机是“面向世界科技前沿，面向国家重大需求，面向国民经济主战场”的典型代表。目前，“十四五”时期高性能计算方向重点研发专项的立项仍处于建议阶段，其使命和愿景是研制新一代高性能计算机及其应用系统，使我国算力得到大幅提升，以满足国家创新发展的战略需求。

第五章

数字中国

引领世界数字经济潮流

伴随互联网、物联网等新技术的全面发展，数字经济与人类社会不期而遇，人类社会正在进入以数字化、网络化和智能化为突出特征的全新时代。2012 年至 2022 年，中国数字经济规模从 11 万亿元增长至 50.2 万亿元，多年都处于世界前列，这也表明了我国是数字经济的开拓者、引领者。不仅如此，我国还是全球最先明确发展数字经济的国家，数字化建设卓有成效。我国数字经济规模占国内生产总值的比重由 2012 年的 21.6% 增长至 2022 年的 41.5%，凭借越来越高的贡献率引领着世界数字经济发展的潮流。

一、数字中国建设驶入快车道

历经 20 多年的风雨，中国逐渐成为数字化创新的重要发源地，其中数字技术的快速发展功不可没，促使了企业转型升级。党的二十大报告提出了加快建设数字中国，此后又提出了第一个关于数字中国的实施方案，即中共中央、国务院 2023 年 2 月印发的《数字中国建设整体布局规划》。它是我国数字化发展的顶层设计，把数字中国的建设路径具体化、清晰化，使数字中国建设能够坚实、平稳地驶入快车道，对实现中华民族伟大复兴有着重大影响和深刻意义。

（一）数字中国发展历程

树高千丈必有根，江流万里必有源。回望数字中国发展历程，我们会发现，发展路径的选择并不是随机的，而是科学设计和智慧创造的结果。当前，数字中国发展历程大致可以分为三个阶段。

第一个阶段是起源阶段，一切从“数字地球”概念被提出开始。1992 年，美国副总统戈尔首次提出了“数字地球”的概念。“数字地球”的提出拉开了全球数字化时代的序幕，开启了各国轰轰烈烈的数字建设。数字中国建设事实上是中国对新一代信息革命的应对方式。1999 年 11 月，首届国际数字地球会议在北京召开，在中国大地上掀起了“数字 + 区域”的滚滚浪潮。进入 2000 年以后，我国先后有 10 多个省份启动论证建设“数字区域”相关工程。但此时，这 10 多个省份的探索还是基本局限于数字技术的应用和实践，仍归属于“数字地球”概念范畴。

第二个阶段是发展阶段，我国完成了从“数字福建”到“数字中国”的跨越。习近平总书记长期以来一直非常重视数字技术、数字经济的发展。2000 年，习近平同志在福建工作期间就率先提出了要建设“数字福建”，2003 年，他在浙江工作时又提出了“数字浙江”。[1]习近平同志在建设“数字福建”时，不仅仅从信息化全局的角度来看待，还跳出了原有格局，超脱地理空间建设范畴观点，率先提出含有自然、经济、社会、文化等相对之前更加全面的信息化、数字化、现代化，赋予“数字地球”更丰富全面的新内涵。这样大胆创新的探索为“数字中国”的实践做了新的预演。“数字福建”建设成效在全国范围内遥遥领先，成为21世纪以来区域数字化转型的示范工程，极大推动了福建发展和海峡西岸经济区建设，是数字中国的思想源头和实践起点。2012年，工业和信息化部将“数字福建”建设提升为区域信息化科学发展的样板工程，“数字福建”正式升格为国家试点工程。2015年12月16日，习近平总书记在第二届世界互联网大会开幕式上首次提出了“数字中国”建设的提议并指明了现状：我国正在实施“互联网+”行动计划，推进“数字中国”建设。

第三个阶段是成形阶段，在此阶段中国明确了建设目标，完善了建设规划。2016年7月中共中央办公厅、国务院办公厅印发《国家信息化发展战略纲要》。2016年12月，国务院正式出台《“十三五”国家信息化规划》，指出具体发展目标。《“十三五”国家信息化规划》与《国家信息化发展战略纲要》明确的2020年目标进行了衔接，使目标更加具体、更加细化。2017年10月，党的十九大报告指出，建设数字中国。2018年4月，国家信息中心数字中国研究院在北京正式成立。同月，首届数字中国建设峰会在福建省福

① 参见习近平：《不断做强做优做大我国数字经济》，《求是》2022年第2期。

州市召开。2020 年 3 月印发的《中共中央　国务院关于构建更加完善的要素市场化配置体制机制的意见》明确了数据是与土地、劳动、资本、技术具有同等地位的第五类生产要素。2022 年出台的《“十四五”数字经济发展规划》成为我国数字经济领域的首部国家级规划文件。2023 年 2 月，中共中央、国务院印发了《数字中国建设整体布局规划》，明确了数字中国建设布局。历经“数字福建”到“数字中国”20 多年的发展，我国数字经济规模已达 50.2 万亿元，稳居世界第二。

数字中国建设，起源于 20 世纪 90 年代美国提出的“数字地球”概念，发轫于 21 世纪初习近平同志推动的“数字福建”实践探索，成型于党的十八大以来党中央、国务院在信息化领域作出的系列战略擘画。面对世界百年未有之大变局，面临全球经济增长疲软、新冠疫情蔓延的严峻挑战，数字中国建设是我国的新机遇，也是推动经济高质量发展的新引擎。

（二）数字中国顶层布局

“建设数字中国”是我国高质量发展的关键词之一。《数字中国建设整体布局规划》给出了数字中国建设布局的“2522”整体框架，为经济社会各方面的发展提供了方向性的指导，给中国数字经济的未来描绘了一张更加清晰的蓝图。

第一个数字“2”代表了打牢数字中国建设的“两大基础”：数字基础设施和数据资源体系。数字基础设施主要是聚焦在“算”“网”两个方面，“算”强调对算力进行布局上的优化，“网”重点在于推进 5G 网络、固网、千兆光网、物联网和卫星互联网等方面的建设。数据资源体系重点则是贯通国家数据大循环。

第二个数字“5”强调赋能，推进数字技术与经济、政治、文化、社会和生态文明建设“五位一体”深度融合。要想全面赋能经济社会发展，一是要做强做优做大数字经济；二是要发展高效协同的数字政务，也就是要加强数字化政府建设、加强信息系统网络的互联互通、推动数据的按需共享、促进业务的高效协同，持续释放政府 IT 需求；三是要打造自信繁荣的数字文化，通过引导广大网民创作和各类平台的风向鼓励其产出积极正能量的网络文化产品，深入贯彻国家文化数字化战略，建设国家文化大数据体系；四是要构建普惠便捷的数字社会，也就是要普及智能化数字生活、打造智慧便民生活圈，给民众提供面向未来的智能化沉浸式服务；五是要推进生态环境智慧治理，建设绿色智慧的数字生态文明，倡导绿色智慧生活方式。

第三个数字“2”是构筑自立自强的数字技术创新体系和筑牢可信可控的数字安全屏障这两大数字中国关键能力。我国科技创新的重要主线是自立自强。国家将持续加大对信息技术基础软硬件领域的投入，推动科技型骨干企业发挥引领支撑作用。而在数字安全屏障方面，主要通过立法、数据分级分类机制、安全防护能力建设等手段，筑牢数字中国的“保护墙”。

第四个数字“2”指的是建设公平规范的数字治理生态和构建开放共赢的数字领域国际合作格局两个环境。通过完善法律法规体系、构建技术标准体系、健全网络综合治理体系从而建立公平规范的数字治理生态。侧重规划统筹数字领域的国际合作，敞开数字领域合作上的新平台，积极主动地参与构建国际规则以形成开放共赢的数字领域国际合作格局。

“2522”整体框架布局明确了有关数字中国的全方位管理体系和管理制度，明确了强化数字研发关键能力的方案，明确了未来数字中国建设的重点工作任务，对数字中国建设有着不可替代的指导性作用。按照“2522”整体框架布局，国家要加强组织领导，健全体制机制，保障资金投入，强化人才支撑以保证组织实施保障，达到规划目标。《数字中国建设整体布局规划》明确提出，到2025年，我国要基本形成横向打通、纵向贯通、协调有力的一体化推进格局，数字中国建设取得重要进展。到2035年，我国数字化发展水平进入世界前列。顶层规划为数字中国建设划定了方向，明确了目标。随着政策持续落地，数字经济未来发展方向将进一步细化和明确，不断驱动数字中国建设驶入快车道。

（三）数字中国加快建设

2018年4月22日，习近平总书记在致首届数字中国建设峰会的贺信中指出：“加快数字中国建设，就是适应我国发展新的历史方位，全面贯彻新发展理念，以信息化培育新动能，用新动能推动新发展，以新发展创造新辉煌。”

为加快数字中国建设我国出台了许多政策，组建数据局就是有力举措之一。2023年3月，国务院机构改革方案明确提出要组建国家数据局。从这时起，我国正式把数据这一特殊的生产力要素纳入国家战略中，并交由国务院来统一管理统筹。数据局对大多数人来说是一个全新的概念，但组建国家数据局这一举措是有迹可循的，也可以说是水到渠成的。数据相当于21世纪的“石油”，我国在这方面有着规模上的巨大优势，组建国家数据局就是要建立常态化的管理机制、实行已基本成形的国家数据战略，实现数据的高效、合规联通。这将改变过去由多个部门管理导致谁都管不好的数据业务发展“九龙治水”的局面，对加快数字中国建设有重大推动作用。

我们要以习近平总书记关于数字中国建设的重要论述为指导加快建设数字中国。当前，新一轮产业变革和科技革命不断推进，在变幻莫测的局势中，国际力量对比动荡调整，数字中国建设面临新的战略机遇。信息化是我国占据新一轮发展制高点、创建国际竞争新优势的有利契机，能够为中华民族带来千载难逢的机遇。只有顺应我国新的发展历史方向，把《数字中国建设整体布局规划》作为总部署，贯彻落实新发展理念，才能建立国际竞争中的新优势，从而加快建设数字中国。数字化、智能化是人类社会发展的最终趋势，于我国而言既是挑战，也是机遇。在全球新一轮的数字经济竞争中，中国有极大规模市场优势、全球最完备的产业体系，这都是我国的独特优势。中国巨大体量的服务业和农业为新数字技术提供了极其丰富的应用场景，加速了数字技术的产业化和规模化应用的建设。相比欧美各国家，中国不仅具有弯道超车的机会，还具有换道超车的机会。加快建设数字中国，才能让中国在未来抢占更好的制高点，全面建设社会主义现代化国家，实现中华民族伟大复兴。

二、从“万物互联”到“万物智联”

从“万物互联”到“万物智联”是建设数字中国的必经之路，其中物联网的发展至关重要。2020 年，全球物联网连接数超过 117 亿个，首次超过了非物联网连接数，且超出约 17%，这一历史性的时刻昭示着我们正在完成时代的重大变革。展望未来，物联网将获取更多信息，与其他数字技术更加深层次地融合，一个万物智能的世界即将到来。

（一）物联网开启万物互联时代

党的二十大报告指出，加快发展物联网，建设高效顺畅的流通体系，降低物流成本。当前世界，经济社会正加速向数字化、智能化社会转型升级，这让物联网在生产生活的各个领域都展现出了显著的行业赋能作用。

1999 年，“物联网”一词出现。美国麻省理工学院的 Auto-ID 实验室提出了物联网的概念。该实验室将物联网定义为通过信息传感设备如射频识别等，把互联网与所有物品连接起来，建成智能化识别和管理的网络。2005 年，国际电信联盟发布同名报告，物联网的定义和范围有了变化，覆盖范围更为广泛。现在的物联网（IoT）指的是按照某种约定的协议，通过信息传感设备，主要以感知技术和网络通信技术，把任意物品与互联网连接进行信息交换，从而实现人、机、物的泛在连接，可以提供信息感知、信息传输、信息处理等方面服务的基础设施。通俗地讲，物联网就是“物物相连的互联网”。2009 年 8 月，“感知中国”被提出，物联网正式被列为国家五大新兴战略性产业之一，其在中国的受关注程度是美国等其他国家难以比拟的。2011 年 11 月，工业和信息化部印发《物联网“十二五”发展规划》，指出了物联网发展的方向和重点。2013 年 2 月，国务院发布《关于推进物联网有序健康发展的指导意见》，提出发展物联网的指导思想、基本原则、发展目标、主要任务和保障举措。

信息社会正在从互联网时代向物联网时代发展。如果说互联网是把人作为连接和服务对象，那么物联网就是将信息网络连接和服务的对象从人扩展到物，以实现“万物互联”。万物互联（IOE）就是把人、流程、数据和事物结合在一起加大网络连接的相关性，使网络连接更具价值。万物互联通过把信息转化为行动，创造有助于企业、个人和国家的新功能，给个人以更加丰富的体验，给国家、社会带来前所未有的经济发展机遇。人们步入万物互联时代，公众开始注意到梅特卡夫定律，它也叫作“网络效应”。梅特卡夫定律通俗来说就是一个网络的用户数目越多，那么整个网络和该网络内的每台计算机的价值也就越大。“十三五”末期，我国物联网总体产业规模达 2.4 万亿元左右，超出“十三五”初期设定的 1.5 万亿元的目标值，拥有产值超 10 亿元的物联网骨干企业超 200 家，物联网总体规模和骨干企业数量大幅提升，万物互联基础不断夯实。到如今，万物互联已成为资本追逐的风口，物联网已经真正拉开了万物互联时代的序幕，开启了这个时代的新篇章。

（二）物联网注入人工智能基因

物联网的终极目标是实现万物智联，目前的物联网仅仅实现了物物联网，而我们最终需要的是服务。仅靠联网意义甚小，解决具体场景的实际应用，赋予物联网一个“大脑”，才能够实现真正的万物智联，发挥物联网和人工智能更大的价值。人工智能技术可以满足这一需求，人工智能通过对历史和实时数据的深度学习，能够更准确地判断用户习惯，使设备做出符合用户预期的行为，变得更加智能，从而提升产品用户体验，达到终极目标。与人工智能技术的融合，能够为物联网带来更广阔的市场前景，从而改变现有产业生态和经济格局，甚至让我们提前进入科幻电影般的生活场景。物联网的发展也是从机器联网到物物联网，直到人、流程、数据万物联网，目前人工智能 + 物联网（AIoT）的发展也可以分为单机智能、互联智能到主动智能三个阶段。

在单机智能阶段，设备与设备之间不发生相互联系，智能设备需要等待用户发起交互需求。在这种情况下，单机系统要能够精确地接收、分辨和领会用户的各类指示，像语音、手势等，并给出对应的决策、实行和反馈。目前，人工智能 + 物联网行业正处于这一阶段。以家电行业为例，过去的家电处于功能机时代，需要通过按键使家电实现指令；现在的家电已经实现了单机智能，我们仅发出声音命令就可以实现一些简单的指令，如打开电视机等。而那些无法互联互通的智能单品，在数据和服务上就像孤岛，远不能满足人们的使用要求。

在互联智能阶段，所谓的场景就是一个互联互通的产品矩阵，采用的是“一个大脑（云或者中控）配多个终端（感知器）”这样的模式。实际生活中，若空调和客厅的智能音箱中控可以连接，彼此之间可以进行信息传输，互相商量和决策，那么当用户处于卧室里想要关闭客厅的窗帘时，对空调发出语音指令就能通过音箱关闭客厅窗帘了。在互联智能阶段，智能设备之间相互连接，任何智能设备都可以帮助用户实现相应指令。

在主动智能阶段，智能系统可以根据用户行为偏好、用户画像、环境等各类信息，随时听令，自行学习、自行适应、自动提高，能在不等用户发出需求指令的情况下主动提供适配于当前用户的服务方案，就像一个私人秘书。对比互联智能，主动智能真正实现了人工智能的智能化和自动化，能够极大改变我们的生活。试想一下，每日清晨，窗帘感受到光线的变化缓缓自动拉起，音箱自动播放你喜爱的舒缓起床音乐，新风系统和空调保障室内空气湿度和温度的适宜。接着，你开始起床洗漱，私人助手于洗漱台前自动开始播放今天的天气预报并给出穿衣建议等。当你走出家门，不用担忧，家里的电器会自动断电，并在你踏入家门时重新自动开启。这些电影中的场景将不再遥远，人工智能 + 物联网将最大化发挥人工智能与物联网各自的优势，真正改变我们的生活。

物联网的应用大部分都是锦上添花，在商业上很难有长久持续的投入，这限制了技术的进步。但若将其与人工智能深化融合，相应应用的广度、宽度均得到了很大提升。从工业上的物联网到智能化城市，为物联网注入人工智能基因展现出了“1+1>2”的效果。

图 5-1　2022 世界物联网博览会展出的物联网应用与产品　图片来源：中新图片 / 朱吉鹏

（三）“万物智联”谋篇未来

常说未来已来，未来虽不会准确地按我们预想的方式呈现，但对未来的憧憬已以某种形式显露端倪。如今，第四次工业革命迎面而来，对人类社会的影响更加广泛和深刻，它利用信息化技术促进产业变革，让人类进入智能化时代。而从“万物互联”到“万物智联”，就是这个时代的主旋律。

“万物智联”时代是由各界专家和业内人士就物联网产业的发展趋势和实际应用探讨时提出的概念。物联网可以构建全新的连接方式连接家庭、社区，甚至整个城市，现在又乘上了人工智能的“东风”。以人工智能 + 物联网为技术基础，是“万物互联”时代的发展方向，当二者充分交织，我们将进入万物智联时代。其主要技术概念包括：联网的智能硬件、智能边缘、数字孪生、大数据分析、流式计算（链式计算）、物可视化等。

“万物智联”是不需要人为干预的，物与物之间智慧地进行数据交流、筛选和最终整理运用。就好比未来时代的“智慧超市”，人们采买商品放进购物车，购物车收集商品数量和价钱直接传输到收银台，购物车在被推进门卡时，收银台机器自动结算并从客人个人银行账户扣除款项。整个流程轻便快捷，且不需要任何人为干预。这就是未来的“万物智联时代”，这就是人工智能的拓展和连接应用。我们现在的联系，指的都是人和人之间是相连的，人和物之间也是相连的，但是都是人去控制物体。可将来的目标是物体和物体之间相连。物与物相连是什么呢？就是每一件东西都可以说明我是谁、我有什么用、我在什么地方等，它自己都可以和大数据、云计算进行联系。一旦万物产生智联，人们在物理世界目之所及的任意物理实体都会智慧化，把这些智慧化的物理实体联系起来会给人类社会带来根本性的变革。

面对世界百年未有之大变局，要实现万物智联时代科技革命的领先，需要了解目标服务人群的要求，以用户需求特征决定供给的发展方向，并从连接层、网络传输层、信息处理层、用户体验层四个层面进行供给侧的创新改革，谋篇万物智联美好愿景和未来。

三、数字化时代的关键技术

计算、数据和连接是数字化时代最重要的三个技术驱动力，涉及的主要关键技术有云计算、大数据、无线通信、人工智能、区块链。其中，云计算主导计算领域；大数据统领数据模块；无线通信是连接的基石；人工智能赋予连接智慧性、自主性；区块链构建新型数据库。这五种技术相辅相成，推动全球数字化转型发展。

（一）云计算

在过去的20年，互联网深刻影响着每个人的日常生活，人们对网络服务的要求越来越高，日益增长的业务需求需要海量存储和计算能力来满足。顺应时代需求，“云计算”概念应运而生。云计算就是按用户需求通过网络提供可动态伸缩的廉价计算服务，它是一种按使用量付费的模式，为用户提供按需的、便捷可用的网络访问，使其能够进入可配置的计算机资源共享池享用对应的资源。如果个人计算机是“笔与纸”的话，“云计算”则是印刷术的发明。印刷术的发明使知识的传播获得极大普及，人类文明进入一个新阶段。

云计算对企业和个人都能够起到极大的帮扶作用。以IBM（国际商业机器公司）案例为例，IBM公司每天都进行着不计其数的科学实验。配备在每所研究所的先进IT设备仍不能支持完成某些需大量计算和储存资源的实验。此外，还有分布在世界各地的研究所进行合作科研，这对计算机的要求就更高了。为解决这些问题，IBM公司构建了IBM Research Compute Cloud（RC2）整合分散在各个研究院的资源系统（如服务器、存储）来供给公司内部使用。RC2云计算系统通过合理任务调度和安排提供给科研人员存储资源和共享计算的平台，保障每一项科学实验的动态资源供给，并且管理这些资源不需要人力投入。不仅如此，实验的中间流程、最终结果都完成和保存于该系统，这在保证了数据安全不外泄的同时还保持了流通性，让身处世界各地的研究人员可以随时进来交换和查询信息。RC2 云计算系统的建立整合了分散于各地的资源，提供给研究人员近乎取之不尽的资源池，这不仅大大提高了科研的效率，还强力推动了 IBM 公司的深入创新发展。

云计算的价值和魅力不可忽视，它化难为易、化繁为简、化不可能为可能，渗透到我们生活中的点点滴滴。我国高度重视云计算发展，有大量勇于探索、敢于创新的企业涌现，如阿里巴巴、华为、腾讯等。阿里云创始人王坚曾说过："云计算就是数字经济的基础。"阿里云主导的"飞天云操作系统核心技术及产业化"项目 2018 年获中国电子学会科技进步特等奖。2022 年，阿里云收入 752.97 亿元，与海外顶尖云厂商差距不断缩小，发展迅猛。我国在云计算方面市场规模和产业成熟度正在迅速提升，我们常用的 App，如淘宝、京东、微信、微博等，都离不开云计算的强大服务支持。它所具有的更安全、更省钱、更省事等特点使之成为数字化时代不可或缺的重要技术。

（二）大数据

顾名思义，规模很大的数据就是所谓的大数据。分析和存储海量数据是它的核心价值。从战略意义上讲，大数据技术的重要之处不仅在于掌握数据的大量信息，更在于如何专业地处理有意义的数据。近年来，随着互联网技术和数据处理能力的不断提升，大数据技术在各个领域得到了广泛应用。

以滴滴出行的动态定价模型为例，滴滴是我国知名的共享出行平台，随着用户数量的增加和城市交通拥堵程度的不断加剧，它面临着如何保证服务质量、如何提高司机收入等挑战。在这些问题中，动态定价是一个至关重要的因素。滴滴的动态定价模型是基于大数据技术的。具体来说，它通过收集和分析各个城市的交通流量、天气、司机和乘客的活跃度等各种数据，建立了一个庞大的数据分析系统。在实际运用中，当一个乘客发出请求时，滴滴系统会立即根据当前城市的情况以及乘客所在地和目的地之间的距离等因素，计算出一个预估价格。同时，滴滴系统会根据乘客发出请求的时间、司机所在地、司机的等级和评分等因素决定哪些司机应该被派遣。滴滴动态定价模型能够通过运用大数据技术实时响应城市交通状况的变化，从而为乘客和司机提供更好的服务。这种模型不仅能够提高公司平台的收入，还能够提高司机的收入，吸引更多的司机使用该平台。

归根结底，大数据的作用主要在于辅助决策。我们可以通过分析大数据总结经验、发现规律、预测趋势，从而作出决策。在数字化时代，数据价值越发凸显。对我国这样数字规模庞大的大国而言，大数据将创造更为巨大的价值。我国大数据有八大节点，包括北京、上海、广州、沈阳、南京、武汉、成都、西安 8 个城市，其中，以北京、上海、广州 3 个城市为核心。全国一体化大数据中心体系建设将推动业务需求和各类建设条件向八大节点集中加速我国大数据发展。2022年，我国大数据产业规模已达1.57万亿元，同比增长18%，成为推动数字经济发展的重要力量。

（三）无线通信

通信时代的发展对网络发展有着不可忽视的重大作用，从1G时代的模拟语音到2G时代的数字语音和短信，到3G时发展为移动互联网的应用，再到4G又变成数据业务为核心，一直变化至5G时达到速率提升和场景升级的效果，其发展周期基本为10年一代。在这个过程中，2G和4G两代都是单纯基于上一代的拓展，其他的1G、3G和5G都有十分重要的场景升级。并且在1G到4G时代全球都是其他各国引领前行，到5G时代，我国开始独立自主发展。

相对于4G，5G拥有使用频谱更高的网络技术，使5G网络技术信息有更好的传输效率、更广的覆盖范围和更强的信号。通俗地讲，4G好比乡土公路，5G好比高速公路，都能从出发地到目的地，但速度、流量、便捷和潜力是无法相提并论的。“要致富，先修路”，中国的数字世界已经修好大路了，远比美、欧等国家的路更宽、更顺。美、欧等国家的5G标准比中国低，覆盖面更低。在基础设施方面，截至2023年2月底，我国5G基站总数已经达到了238.4万个，占全球5G基站总数的60%以上。在5G专业技术方面，中国5G相关专利数量超3万件，在全球5G专利总量中占比超过64%，居于绝对领先地位。在5G的应用方面，如今我国5G移动电话用户已经超过了5.75亿用户。而在行业应用方面，我国国民经济的97个大类里有一半大类如采矿、港口、电力、大飞机制造等都在使用5G技术。我国拥有规模最大、技术最先进的5G网络建设，5G发展已经位于世界前列。

车联网、物联网、工业互联网、远程医疗等新业务类型和新需求的快速发展，使5G网络很可能无法满足2030年以及更遥远未来的网络需求。这让现在的研究人员已经开始高度关注第六代（6G）无线通信网络的研究和发展。6G是应用蜂窝网络结构的第六代无线通信标准，将接替当前的5G（第五代）标准。通俗地说，6G相比5G就好像超高速铁路。6G网络的速度将比5G快100倍，几乎能达每秒1TB（太字节），这意味着下载一部电影可在1秒内完成，无人驾驶过程将非常自如、无人机的操控将更加灵活，这样的速度甚至能让用户感觉不到时延。虽然国际电信联盟（ITU）现在已经启动了《6G技术趋势及远景研究》，但6G仍然处在展望阶段，在2025年以后才会启动实质的标准化工作。5G的推广和6G的研发掀起了一场信息通信技术的深度变革。如果说5G打开了万物互联的一扇窗，那么6G就是敞开了万物智联的一扇门，必将深刻影响和改变人们的未来。

（四）人工智能

人工智能是大数据可以智能化辅助决策或作出决策的重要帮手，是处理数据到处理知识的一大进步。简单来讲，人工智能就是赋予计算机“人的智慧”，让计算机去做过去人类才可以做的智能工作。

人工智能是近年来备受瞩目的领域之一，它不仅能够帮助人们解决现实中的问题，还能够给人们带来更多的可能性。比如，若有家医院每天有大量病人就医，并且每个病人都需要进行多项医学检查，那么医院的医生和护士就需要花费大量的时间和精力，并且可能由于疲劳造成的精神不济导致工作失误。此时若有一个人工智能系统，一切就迎刃而解了。它可以在医生和护士的监督下自主完成医学检查的任务，如自动记录患者的病历信息、自动检测病人是否符合检查的条件、自动进行常规检查和测量，甚至自动给出检查结果和建议等。这个智能助手还具有学习能力，可以通过不断的学习和积累经验，不断提高自身的检查水平和准确性。它还可以与其他医学设备和系统进行数据交换，从而进一步提高其检查的质量和效率。人工智能系统在这个场景中可以起到缩短患者等待的时间、提高医疗服务的效率、减轻医生和护士的工作负担、减少医疗事故的发生等作用。当然，它的应用也存在一些问题和挑战，比如，它可能会取代部分人的工作导致就业率下降，可能会存在一些数据隐私和安全问题，这就需要制定一些相应的政策和规定来保护数据的安全性和保密性。

工业经济时代的新技术解放的是人的体力，数字经济时代的人工智能技术就是解放人的双手和脑力了，因此我们也称新型的数字经济为智能经济。

（五）区块链

区块链是分布式数据存储、点对点传输、共识机制、加密算法等计算机技术的新型应用模式，是一项颠覆性的技术，是共享数据库。它将信任从中心化机构转移到去中心化的网络。它的去中心化、公开透明、不可篡改的特性为多个领域带来了巨大的变革。

以物流领域为例，近年来，跨境贸易发展迅速，但是随着贸易规模的扩大和贸易体系的复杂化，跨境贸易中出现了一系列问题，如物流信息不透明、商品溯源不清晰、数据篡改等。这些问题不仅使跨境贸易成本高昂，还会引发贸易争端和风险，给企业和政府带来很大的损失。此时可以利用区块链技术实现跨境贸易全流程的数据追踪、信息共享和交易结算。首先，设立区块链跨境贸易平台，平台上的每一个参与者都会拥有一个唯一的数字身份，通过数字身份可以实现参与者之间的信任和合作。平台上的每一笔交易信息包括商品名称、数量、价格、生产和加工等，都会被记录在区块链上，都可以通过区块链进行追踪和查询。这些信息公开透明和不可篡改的特性可以保证跨境贸易中的信息真实可信。其次，平台上的参与者可以通过区块链实现信息共享。出口商可以将出口产品的生产、加工和运输等信息记录在区块链上，进口商和海关可以通过查询了解货物的来源、品质、数量、运输轨迹等信息，以确保贸易的安全性和合法性。最后，平台上的交易结算也是通过区块链完成的。当一笔跨境交易完成后，平台会自动根据双方协商的交易条件和区块链上的信息进行结算，这样可以减少人为的干预和交易风险。这样可以保证跨境贸易的高效、安全、透明，同时还能有效减少中间环节，降低贸易成本。

区块链技术构建了自运行的、不依赖第三方的社会信任网络，推动整个社会的价值互联。它不仅仅让今天的物质资产、金融资产、信息资产、人力资源等可以更好体现价值，还能把现在无法简单计价和量化的社会关系、个人背景、时间精力、思想火花、上进心等变成可以计价和量化的社会资产，从而全方位推动发展社会生产力，推动人类社会迈上新的台阶。

云计算、大数据、无线通信、人工智能、区块链这 5 种数字化技术联合发展，组成类似人体的智慧生命体。云计算就像人体的脊梁；大数据相当于人类的内脏和器官；人体的神经系统对应无线通信；人工智能就是人体的大脑；区块链技术既有如人类基因去中心的分布式特性，又有基因可追溯、不可篡改的特性。它们的结合颠覆性地改造了数字化平台的基础功能和应用，进而推动经济社会更快发展壮大。

四、打造数字化发展新优势

回顾全球发展历史，任何国家都不可能在闭门造车中发展壮大。现如今，美国依托持续领先的技术创新巩固数字领域的全球竞争力；欧盟关注大型互联网公司垄断行为力图构建良好数字发展生态体系；英国以数字政府引领数字化转型；日本利用数字技术缓解严重的老龄化问题；新加坡打造先进的数字基础设施构建数字竞争的优势。世界各国纷纷推出数字战略，我国面对数字竞争，要借鉴强国经验，创新发展路径，打造数字化发展新优势。

（一）数字立国：维护新时代国家主权

21 世纪以来，随着互联网、物联网、移动通信、大数据、人工智能等新信息技术在全球范围内蓬勃发展，数据、信息呈爆炸性增长态势，成为数字地球建设的重要驱动力。能否有效采集、分析、管理、应用、传递数据和信息，不但成为驱动经济发展的关键环节，而且日益成为国家、地区、企业和个人的核心竞争力。在这一背景下，如何维护国家数据安全和数据主权成为一个与国家政治、经济、社会、文化、军事、外交等各方面安全和主权问题相交叉的关键共性问题。

中国在维护自身主权和海洋权益方面采取了多种策略，其中数字化战略成为重要手段之一。以维护南海主权为例，中国政府在南海问题上通过数字化技术的应用，有效地维护了国家的主权。一方面，中国利用数字技术加强了对南海领土的管理和监管。中国通过建立南海领土管理信息系统，实现了对南海领土的精细管理。该系统利用卫星遥感技术、高精度测绘技术和海洋信息技术等手段，实现了对南海领土的全面监测和分析。通过数字化技术，中国政府可以及时掌握南海领土的变化情况，并对南海领土进行精准管理，有效地维护了国家的领土主权。另一方面，中国利用数字技术加强了对南海海域的监管和维权。中国政府在南海海域建立了海洋监测预警系统，通过遥感卫星、海洋气象、海洋地震等多种监测手段，及时掌握南海海域的变化情况，及时进行海洋灾害预警和救援。同时，中国还利用数字技术加强了对南海海域的执法监管，建立了海洋执法大数据平台，通过数据挖掘和分析，有效打击了海上违法犯罪行为，维护了南海海域的安全和稳定。数字化技术的应用使中国政府在南海问题上实现了信息化和智能化的管理，提高了对南海领土和海域的监测与管控能力，增强了对南海的控制力和影响力。数字化战略的成功经验也为其他国家在领土和海洋问题上的维权提供了参考和借鉴。

数字化技术在国家主权和领土安全方面的应用已成为国际上越来越重要的手段。我们要实现信息化发展新阶段下的“数字立国”，构筑牢固的国家数据资源体系和整体安全防护体系，保卫网络化、数字化时代下国家主权新疆界，打造数字化背景下维护国家主权新优势。

（二）数字强国：全面赋能经济转型升级

随着数字技术的飞速发展，它在促进中国经济发展中发挥着越来越重要的作用。其中一个明显的例子就是电商行业的崛起。近年来，随着互联网和智能手机的普及，中国的电商行业得以迅速发展。2022 年，中国电子商务交易额达 43.83 万亿元。数字技术的应用使电商行业的发展不仅促进了中国的经济增长，还推动了商业模式的转型和消费习惯的改变。数字技术的应用使电商行业的效率得以提高。通过数字化的信息管理、供应链管理和物流管理，电商企业能够实现自动化、精细化的管理，降低成本，提高效率。例如，阿里巴巴旗下的菜鸟网络，通过数字技术的应用，将仓储和物流信息进行整合，形成智能化物流网络，实现了快递员实时调度和精准配送，为用户提供了更好的服务体验。数字技术也使电商行业的边界得以拓展。通过数字化的交易平台和支付系统，电商企业能够将交易拓展到全国各地，甚至是全球市场。例如，淘宝网和天猫商城作为阿里巴巴的电商平台，不仅满足了国内消费者的需求，还能够将中国的商品推向海外市场，帮助中国的制造业和服务业更好地走向世界。

目前，我国建有全球规模最大的5G网络，拥有完善的数字基础设施；我国在数字经济规模上居世界第二位，仅次于美国；我国在数字经济核心产业方面是信息和通信技术产品出口规模、计算机通信和其他电子设备制造业增加值规模最大的国家；我国拥有强大的数字平台企业，由于网络效应，我国数字经济的主要企业形态是在各细分市场处于主导地位的平台企业。我国出现了一批新兴的在用户规模、资本市场价值等方面均居于世界前列的互联网科技企业公司；我国不断有基于新科技、新产品、新模式、新业态的新企业诞生，数字经济领域的创新创业非常活跃；我国有飞速进步的数字技术、快速增强的数字经济创新能力、居世界第一的5G核心专利数量、居于世界前列的人工智能领域论文和专利数量等。[①] 但区域间、产业和企业间发展不平衡等问题在我国数字经济发展中仍然存在，需要进一步提升创新能力、国际化水平、平台企业引领性、产业链价值链掌控力等。新形势下，必须着力增强我国科技的自主创新能力，把数字经济发展的短板弱项补齐，实现全面赋能经济转型升级。

① 参见史丹、李晓华：《打造数字经济新优势》，《人民日报》2021年10月15日。

（三）数字治国：打造数字化治理中枢

数字政府借助互联网、大数据、云计算、人工智能、区块链等新一代信息技术手段，对政府原有的组织结构、业务处理流程、运作方式和管理服务等进行数字化转型，使决策拥有“智慧大脑”、执法监管拥有“千里眼、顺风耳”、服务履职拥有各类数据库的“百宝箱”、政务服务拥有加速的“发条”。

以数字孪生城市雄安为例，2017年4月1日，中共中央、国务院决定设立雄安新区。几年来，雄安新区的建设稳步推进，一座承载千年大计、国家大事的“未来之城”逐步成形。数字孪生概念于2011年在美国空军实验室的研究文献中被提起，近些年引起人们的广泛关注。我们通常所称的“数字孪生”其实就是把大量的“物理实体”与“数字虚拟机构”合并。数字孪生城市就是通过3D建模，在电脑里复制物理对象，并模拟城市在现实环境中发生的各种行为进行虚拟仿真，从而提高各方面效率，提前预判出错的可能等。在数字孪生平台上可以把城市各专业数据进行集成，从而形成建设监

图5-2　雄安“城市大脑”——雄安城市计算（超算云）中心

图片来源：中新图片 / 韩冰

管一张网、规划一张图、城市治理一盘棋的新格局，带领智慧城市进入数字孪生新阶段。雄安就是我国第一个采用数字孪生技术造就的数字化智慧城市。目前，数字城市雄安的“四梁八柱”已经基本建成，也就是“一中心四平台”。“一中心”即雄安城市计算中心。“四平台”由块数据平台、雄安城市信息模型平台、物联网平台和视频一张网平台组成。2022年底，雄安城市计算中心项目已正式投入运营，项目内容主要包括雄安云平台、雄安超算系统配套设施。它是建设雄安的重要支撑，是全球首个与城市基础设施同步建设的数字基础设施。雄安建成后，整个雄安数字孪生城市的大数据、区块链、物联网等将由城市计算超算“云中心”项目所承载的边缘计算、超级计算、云计算设施提供网络、存储和计算服务。对分析空气、水质、建筑物的状态，还有识别火灾、路上老人跌倒等突发状况，它都能起到不少作用。[①]像共享办公、无人超市、智能入住、刷脸食堂等智能化设施都出现在雄安新区设立以来的第一个基础设施项目中，这都是未来雄安缔造智慧城市、绿色城市的缩影。

雄安是我国打造智能城市和数字孪生城市的样板，代表中国城市的未来发展方向。将来，我国可以吸取千年雄安大计的成功经验和不足之处，利用各种科技创新，建设数字政府，提升政府服务效能、提高数字政府建设速度，让公共数据更加安全共享化、政务信息系统更加完善整合化、政务服务全景更加高效智能化，打造数

① 参见《雄安新貌 | 建设“数字雄安”打造智慧型创新型城市》，央视网2022年4月1日。

字化治理中枢，建立数字化发展新优势，引领世界数字经济发展新潮流。

当前，我国数字经济发展已经驶入快车道，发展势头越发强劲。数字中国建设的全面推进使中国加速进入万物互联时代，向万物智联时代进发。时代的转变离不开科技的创新，其中云计算、大数据、无线通信、人工智能、区块链这 5 种关键数字技术是必不可少的基石。把握科技创新主旋律，打造数字化发展新优势，必将让我国在新时代新征程上赢得更加伟大的胜利和荣光！

第六章

新能源

未来社会发展的重要引擎

2014年6月13日，习近平总书记在中央财经领导小组第六次会议上强调，“推动能源技术革命，带动产业升级”。2022年1月24日，习近平总书记在十九届中共中央政治局第三十六次集体学习时又强调，要加快发展有规模有效益的风能、太阳能、生物质能、地热能、海洋能、氢能等新能源，积极安全有序发展核电。党的十八大以来，我国新能源实现跨越式发展，装机规模稳居全球首位，发电量占比稳步提升，能源结构调整和减碳效果逐步显现。

一、高歌猛进的新能源技术

新能源是正在积极研究、开发和推广的新型能源，新能源技术是研发和利用新能源的相关技术。其中，核能技术与太阳能技术的快速发展和开发利用打破了几个世纪以来以石油、煤炭为主体的能源格局，开创了能源的新时代。

（一）发展新能源“迫在眉睫”

当今世界的能源主要来自三大化石燃料：煤炭、石油和天然气。煤炭被誉为“黑色的金子”“工业的食粮”，18世纪末，煤炭作为蒸汽动力的燃料，直接推动了第一次工业革命，开创了以机器代替手工工具的时代，成为人类使用的主要能源之一。之后的100多年，科学技术突飞猛进，各种新技术、新发明迅速被应用于工业生产。19世纪末，燃油内燃机和电信技术结合，引发了以电器为标志的第二次工业革命，石油作为“工业的血液”与煤炭比肩，成为工业生产中最重要的燃料资源之一。天然气是近50年来发展起来的优质能源，储量巨大、使用安全，燃烧时产生的二氧化碳比煤炭、石油少，对环境的影响小，是理想的替代能源。但是，随着社会发展，化石燃料存在的问题也日益尖锐。

化石燃料是埋藏在地下和海床下的一次性能源，不可再生，终有耗尽的一天。截至2020年，全球煤炭储量10741.1亿吨、石油储量2373.3亿吨、天然气资源储量188.07万亿立方米。2021年，全球开采了约80亿吨煤炭、40亿吨石油和4万亿立方米天然气。按照2021年的能源需求增长率和消耗速度，煤炭还能供人类使用不到140年，石油大约在2050年枯竭，天然气将在60年内耗尽，全球能源危机就在不远的未来。

化石燃料在燃烧时会向空气中排放大量温室气体，加强温室效应，导致全球平均气温持续升高，冰川消融、海平面上升、沿海陆地被淹没、生物多样性减少、气象灾害事件频发、粮食减产等问题日趋严峻。为了应对日益明显的全球气候问题，2015 年 12 月 12 日全球 196 个国家和组织在巴黎气候变化大会上一致通过了《巴黎协定》，协定要求尽快实现温室气体排放达到峰值，并于本世纪下半叶实现温室气体净排放量为零。2020 年 9 月，我国在第七十五届联合国大会上正式提出“双碳”目标：计划在 2030 年前，中国二氧化碳的排放总量达到峰值，之后逐渐下降；在 2060 年前，中国通过发展新能源、植树造林、节能减排、产业结构调整等形式，抵消自身工业生产中过多产生的二氧化碳。

我国人口基数巨大，人均资源量稀少，能源问题严重影响我国工业生产和社会发展。目前我国的经济发展模式消耗高、效能低，能源消耗剧烈，除煤炭自给率超过 90%，近几年我国石油进口比例超过 70%，天然气进口比例超过 62%，远远超过能源安全红线，能源安全问题不容忽视。化石能源燃烧产生大量的温室气体，我国二氧化碳排放量占全球总量的 30% 左右，不仅总排放量超过美国、欧盟、日本的总和，而且达到“碳达峰”的剩余时间不到 7 年，从“碳达峰”到实现“碳中和”也只有 30 年时间，时间紧张、任务紧急，发展新能源已经迫在眉睫。

（二）新能源技术“百花齐放”

新能源是指煤炭、石油、天然气等传统能源之外的各种能源形式，包括太阳能、风能、地热能、核能以及由可再生能源衍生出来的生物燃料和氢能源等，普遍具有污染小、储量大的特点。发展新能源及其相关技术，对于解决当今世界严重的环境污染问题和资源

（尤其是化石能源）枯竭问题具有重要意义。新能源及相关技术主要包含以下几种。

太阳能。自地球生命诞生以来，太阳就提供了地球上一切生命活动的能量。随着化石燃料的减少和环境问题日益严重，太阳能已成为人类能源开发利用的重要组成部分。太阳能没有地域的限制，也不会污染环境，是最清洁的能源之一。利用太阳能的技术主要有光热转换和光电转换。光热转换是通过特制的太阳能采光面，采集和吸收太阳辐射能转换为热能，加热水或空气，直接为各种生产过程和人们生活供能，或者将热能转化为电能，最后转化为其他可被使用的能源。光电转换是通过光伏效应把太阳辐射能直接转换成电能的过程，也就是常说的“光伏发电”“太阳能发电”，是现在太阳能技术的核心。太阳能储量巨大、用之不竭，1 平方米面积接收到的太阳能平均有 1000W 左右，考虑季节、地球维度、海拔高度、天气等因素，全年日夜平均也有 200W 左右，通过光伏发电技术大规模合理开发太阳能资源，可实现能源可持续发展。

风能。风能就是空气流动时产生的动能，太阳光照射在地球表面使地表温度升高，地表的空气受热膨胀变轻上升，低密度的热空气上升带动高密度的冷空气下降，冷空气被地表加热后又会上升，这种空气的循环流动就产生了风。风能是太阳能的转化，属于可再生的清洁能源，储量大、分布广，但能量密度低（只有水能的 1/800），而且受地域和天气影响，发电量不稳定。在一定的技术条件下，风能可作为一种重要的能源被开发利用。目前，在许多适当地点使用风力发电的成本已低于使用燃油的内燃机发电的成本了。

自2004年起，风力发电打败其他新能源，成为成本最低的新能源。2002年，风力发电年增率约25%，现在则是以每年38%的年增率快速增长。

地热能。地热能是从地壳抽取的天然热能，地核的温度高达7000℃，而地下80—160公里的深处，温度降至650—1200℃，通过熔岩涌动和地下水流动，热量被传递到接近地面附近形成热源，直接从这些热源中抽取能量便是最简单的地热能使用方法。地热能是清洁能源，储量巨大，全国地热可开采资源量约为973万亿千焦耳，相当于324亿吨标准煤。近些年来，中国地热利用规模一直位居世界第一，并以每年10%左右的速度稳步增长。

核能。核能是通过核反应释放的能量。开发核能的途径有两种：一是重元素的裂变，由一个重的原子核分裂成两个或多个质量较小的原子核并释放能量，如铀元素的裂变反应；二是轻元素的聚变，两个较轻的原子核聚合为一个较重的原子核并释放出能量，如氘、氚、锂等元素的聚变反应。1公斤铀原子核全部裂变释放出来的能量，约等于2700吨标准煤燃烧所放出的化学能，一座100万千瓦的核电站，每年只需消耗25吨至30吨低浓度铀核燃料。核聚变反应释放的能量则更巨大，一公斤氢元素通过聚变释放出来的能量，约等于2万吨标准煤燃烧释放的能量。铀是目前最重要的核燃料，然而陆地上铀的储藏量并不丰富，全世界适合开采的铀矿只有100万吨左右，即使加上低品位铀矿及其副产品铀化物，总量也不超过500万吨，按照现在全球的消耗速度，只够开采使用几十年。而辽阔的大海中却含有丰富的铀矿资源，据估计，海水中溶解的铀可达45亿吨，是陆地总储量的几千倍。在大海中，还蕴藏着20万亿吨以上的氘元素，它是氢的同位素，是最重要的核聚变资源。如果可控核聚变变为现实，大海中的氘元素聚变产生的能量相当于几万亿亿吨煤燃烧所产生的能量，能满足人类百亿年的能源需求，更可贵的是核聚变反应几乎不存在放射性污染，是未来的理想能源。

此外，近年来，水能、生物质能、海洋能、氢能等清洁能源以及新型电池技术、新能源汽车等新能源技术产业发展迅速，核心技术不断突破，相关产业链逐步形成并不断发展，新能源及相关技术产业呈现“百花齐放”的盛况。

（三）我国新能源战略规划

环顾全球，新能源产业方兴未艾，低碳环保、阻止全球变暖已成为全球主流思想，而发展新能源产业是实现这个目标的主要手段。大力开发利用新能源和可再生清洁能源已成为我国缓解能源供需矛盾、减轻环境污染、调整能源结构、转变经济增长方式的重要举措，这不仅是因为国际舆论的压力，更是中国主动求变的结果，我国对2030年前实现“碳达峰”、2060年前实现“碳中和”的决心不容置疑。大力发展新能源产业不仅是实现能源自由、坚守能源安全的需要，也是中国对传统发达国家实现弯道超车的绝佳机会。

目前，我国一大批光伏产业项目和配套支持政策陆续出台，其中包括新能源基地示范工程行动计划，并考虑在东北地区、华北北部地区、西北地区、西南地区布局多个千万千瓦级的新能源基地，在各地推动建设一批百万千瓦级的光伏发电平价基地，因地制宜地建设一批农光互补、牧光互补等多模式的光伏发电项目。[①] 在政策支持下，未来10年，光伏发电将继续高速发展，在规模上可能超越风电，成为中国第三大电源。

未来，风电方面将坚持集中式与分散式并举、本地消纳与外送消纳并举、陆上与海上并举的方针政策，积极推进东北地区、华北北部地区、西北地区陆上大型风电基地建设和规模化外送，加快推动近海规模化发展、深远海示范化发展，大力推动中东部和南方地区生态友好型分散式风电发展。[②] 我国将更大力度推动体制机制创新，加快建立健全适应风电规模化发展的电网体制、价格机制、市场机制，为风电跨越式发展、高质量发展创造良好条件。风电产业作为清洁能源的重要力量之一，必将迎来更大的发展空间。

核电是目前唯一可大规模替代煤电的新能源技术，是保障国家能源安全、构建以新能源为主体的新型电力系统的重要举措，加强核电建设有利于提高电网运行的稳定性和安全性，增强电网抵御严重事故的能力，降低大面积停电的风险。从国家核电发展政策看，2021年，《政府工作报告》提出“在确保安全的前提下积极有序发展核电”，政策导向鲜明，行业前景预期良好。“十四五”时期，我国将在确保安全的前提下，有望以每年8台左右的速度推进核电建设。[③] 预计到2025年，我国核电在运装机规模将达到7000万千瓦左右，在建装机规模接近4000万千瓦。到2035年，我国核电在运

① 参见林韬:《光伏产业，小跑不停》,《产城》2021年1月25日。

② 参见孙明华、王继勇、董雷、王胜举:《“双碳”大考》,《国企管理》2021年第6期。

③ 参见谢玮:《“十四五”核电发展再迎新窗口》,《中国经济周刊》2021年第9期。

和在建装机容量将达到2亿千瓦，发电量约占全国发电量的10%。

“十四五”时期，我国将加快能源领域关键核心技术和装备攻关，推动绿色低碳技术重大突破，加快能源全产业链数字化智能化升级，统筹推进补短板和锻长板，加快构筑支撑能源转型变革的先发优势，为保障国家能源安全奠定坚实基础。

二、能源之光——太阳能

随着我国经济快速发展，工业和居民用电量不断提升，发电需求持续增加，太阳能作为一种可再生的清洁能源，在政府主导下相关技术和产业也进入快速发展期。2016—2022年，太阳能发电量在全国总发电量中的比例逐年上升，2022年，并网太阳能发电装机容量39261万千瓦，增长28.1%。未来，太阳能发电有望成为推动中国能源转型的重要引擎之一。

（一）太阳能技术的发展历程

根据史料记载，人类使用太阳能已有3000多年的历史，太阳能成为能源则有300多年的历史。1615年，法国工程师所罗门·德·考克斯发明了世界上第一台太阳能驱动的发动机，之后的200多年，太阳能装置的研究没有突破性进展，还是使用聚光方式采集阳光，功率低、价格高，没有实用价值。进入20世纪后，太阳能成为“近期急需的补充能源”和“未来能源结构的基础”，相关技术开始突飞猛进，发展历史大体可分为四个阶段。

1900—1920 年，太阳能动力装置仍是太阳能研究的重心，但聚光方式逐渐多样化，体积也逐渐增大，输出功率最高可达 73.64 千瓦。太阳能技术在旧的研究路线上蹒跚前进时，新的理论和技术开始萌芽，1907 年，阿尔伯特·爱因斯坦提出光子量子假说解释光电效应实验现象，为太阳能光伏技术提供了理论支撑。1916 年，波兰化学家扬·柴可拉斯基发现了提纯单晶硅的拉晶工艺，为太阳能光伏技术提供了材料基础。

1945—1965 年，部分远见人士注意到化石燃料正在迅速减少，呼吁人们重视能源问题，大量太阳能学术组织成立并举办学术交流和展览会，太阳能研究热潮再次兴起。这一时期，太阳能的研究工作取得重大突破：1954 年，美国贝尔实验室研制出光电转换率为 6% 的晶硅光伏电池，大规模光伏发电有了实现的基础；1955 年，以色列泰伯提出选择性涂层理论，并研制出可实用的选择性涂层，高效集热器开始快速发展。

1973—1980 年，中东战争爆发，石油减产提价，引发“能源危机”，太阳能和其他可再生能源重新获得工业发达国家的支持，太阳能热潮再次兴起。1973 年美国制订了阳光发电计划；1974 年，日本公布了“阳光计划”；1975 年，我国在河南省安阳市召开全国第一次太阳能利用工作经验交流大会，太阳能研究和推广工作开始纳入中国政府计划，获得专项经费和物资支持，一些大学和科研院所纷纷设立太阳能课题组和研究室。

1992 年至今，由于大量化石燃料燃烧造成的全球环境污染和生态破坏问题日益凸显，1992 年，联合国在巴西召开“世界环境与发展大会”，会议通过了《里约热内卢环境与发展宣言》、《21 世纪议程》和《联合国气候变化框架公约》等一系列重要文件，并确立了全球可持续发展模式。大会之后，中国政府制定了《中国 21 世纪议程》，进一步明确太阳能为重点发展项目。2006 年，《中华人民共和国可再生能源法》开始实施，拉开了太阳能发电快速发展的序幕。2013 年，国务院印发《关于促进光伏产业健康发展的若干意见》，明确发展光伏产业对调整能源结构、推进能源生产和消费革命、促进生态文明建设具有重要意义。这些文件的制定和实施，对进一步推动中国太阳能事业发挥了重要作用。

（二）光伏技术领先世界

2012 年 11 月，党的十八大报告提出，“加强节能降耗，支持节能低碳产业和新能源、可再生能源发展，确保国家能源安全”。在这一精神指引下，短短 10 年时间，光伏产业便从被人“卡脖子”发展为全球领先，为我国新能源的跨越式发展作出了重大贡献。

2011 年，当时的光伏产业受核心技术水平的限制，成本高居不下，严重制约了光伏发电的大规模应用。党的十八大后，为了进一步支持光伏产业发展，政府多次出台产业政策，通过财税补贴、增加用地、扩大市场、产业投资等“组合拳”，为光伏产业的快速发展提供良好的政策环境。此后数年，电力补贴、领跑者计划、户用光伏、绿证交易等政策相继出台，为光伏产业的发展铺平了道路。

在一系列政策支持下，中国光伏企业掀起技术创新浪潮，持续突破关键核心技术，并逐步建立了坚实稳定的供应链，整个光伏上中下游产业链实现了快速发展。根据中国光伏行业协会统计数据，2008 年中国量产常规多晶电池平均转换效率约为 15.5%，2022 年量产单晶 PERC 电池平均转换效率已达到 23.2%，TOPCon 电池平均转换效率达到 24.5%，发展过程中多次刷新世界纪录。随着光伏技术不断创新与迭代，中国光伏发电度电成本相比 10 年前下降超过 80%。[①]2021 年的数据显示，全球光伏市场中 58% 的多晶硅、93% 的硅片、75% 的电池片、73% 的组件由我国光伏产业提供。同时，中国制造的光伏供应链所有组件成本竞争力最高，成本比印度低 10%，比美国低 20%，比欧洲低 35%。2022 年，中国光伏产品出口总额约 512.5 亿美元，同比增长 80.3%。

10 年间，中国光伏市场规模持续扩大，新增装机量持续突破历史新高。据中国光伏行业协会统计，2011 年我国光伏发电新增装机首次超过 1 吉瓦，2013 年首次突破 10 吉瓦，2015 年累计装机容量为 43.18 吉瓦，超过德国成为全球光伏装机容量最大的国家。2021 年我国光伏发电新增装机持续增加达到 54.88 吉瓦，光伏发电量 3259 亿千瓦时，2022 年全年光伏发电新增装机 87 吉瓦，迈向了新阶段。

（三）光伏产业走向未来

2021 年，国家发展改革委和国家能源局印发的《以沙漠、戈壁、荒漠地区为重点的大型风电光伏基地规划布局方案》（以下简称《方

① 参见李娜娜：《创新驱动光伏产业高质量发展》，《人民日报海外版》2023 年 2 月 21 日。

案》）的通知提出，以库布齐、乌兰布和、腾格里、巴丹吉林沙漠为重点，规划建设大型风电光伏基地。《方案》提出，到 2030 年，规划建设风电光伏基地总装机约 4.55 亿千瓦。其中，库布齐、乌兰布和、腾格里、巴丹吉林沙漠基地规划装机 2.84 亿千瓦，采煤沉陷区规划装机 0.37 亿千瓦，其他沙漠和戈壁地区规划装机 1.34 亿千瓦。内蒙古重点基于边境沿线、戈壁荒漠、沙漠治理、矿区修复等现有地理条件和发展规划，打造蒙西、蒙东千万千瓦级新能源基地。

各省也拿出自己的光伏产业建设方案。山东省“可再生能源倍增计划”指出，将着力打造山东半岛千万千瓦级海上风电基地、鲁北盐碱滩涂地千万千瓦级风光储输一体化基地、鲁西南采煤沉陷区百万千瓦级“光伏 +”基地和外电入鲁通道可再生能源基地，计划到 2025 年，光伏发展装机量达到 5700 万千瓦。四川省规划到 2025 年光伏装机量达到 1200 万千瓦，重点推进凉山州风电基地建设和

图 6-1 湖北省十堰市郧阳区金矿光伏产业村的光伏海洋 图片来源：中新图片 / 杨显有

“三州一市”光伏发电基地建设，规划建设金沙江上游、金沙江下游、雅砻江、大渡河中上游水风光一体化可再生能源综合开发基地。青海省则规划打造海南千万千瓦级多能互补100%清洁能源基地，海西千万千瓦级“柴达木光伏走廊”清洁能源基地。

10年来，中国光伏产业的产业链自身完成了转型升级，光伏技术和产业在世界上发挥着举足轻重的作用，中国光伏成为全球可再生能源的领导者。预计到2030年，全球太阳能光伏市场将达到1.5万亿美元，我国将结合自身技术优势和市场需求，打造出具有特色和品质的产品与服务，从全球市场获取利润和资源，为社会发展带来巨大价值。

三、让可控核聚变走向现实

随着人类对能源的需求不断增长，传统能源的储量正在不可逆转地减少，传统化石能源造成的污染更是严重威胁人类的健康与生存，寻找无限的清洁能源一直是全球科学家努力探索与追求的目标。目前全球兴起的太阳能、水能、风能、地热能、海洋能等可再生新能源，对其溯源，其能量几乎都来自太阳辐射，是太阳内部核聚变反应释放出的能量。而地球上的核聚变燃料储量极为丰富，可控核聚变反应不会产生核废料和核污染，因此，可控核聚变技术一旦实现应用，人类就可以获得源源不绝的清洁能源，从而一举为人类文明的未来发展铺平道路。

（一）氢弹与可控核聚变

1967 年 6 月 17 日，我国第一颗氢弹试爆成功，氢弹爆炸时绽放的光芒如同在新疆罗布泊的上空升起了第二个“太阳”。氢弹属于核武器的一种，主要利用氢的同位素氘和氚进行核聚变反应释放能量，威力强大，但氢弹爆炸属于不可控制的瞬间能量释放。想实现可控的核聚变反应还存在很多问题，其中最大的难题是约束核聚变反应。核聚变反应时核燃料会变成温度超过 1 亿摄氏度的等离子体，而地球上熔点最高的金属材料钨，3000℃就会熔化，因此，以人类现阶段的科学技术，没有材料可以承受核聚变反应时的高温，也就无法将核聚变反应约束在特定装置中。

目前，可控核聚变的研究方向主要有两个：惯性约束核聚变和磁约束核聚变。惯性约束核聚变利用粒子的惯性作用来约束粒子向心爆聚，将其压缩到高温、高密度状态，从而发生核聚变反应，这种聚变方式最接近氢弹爆炸时的真实物理过程。各国低调但又投入大量精力开发研究相关技术。2009 年，美国建成国家点火装置后，研发了多种多样的核聚变点火方式，但距离真正意义上的点火还有一段很长的路要走。2007 年，我国建成“神光 3 号”原型装置。2017 年，我国开始建造第四代高功率激光试验装置“神光 4 号”，该装置一旦建成，将进一步提升我国核聚变事业的力量。

磁约束核聚变利用特殊形态的磁场，将处于热核反应状态的超高温等离子体核燃料约束在有限的空间内，不与聚变装置的容器壁直接接触，精确控制大量的原子核聚变反应，释放出能量。20 世纪 50 年代，苏联科学家塔姆和萨哈罗夫提出“托卡马克”概念，1958 年苏联建成世界上第一个托卡马克装置 T1，1969 年苏联的托卡马克装置 T3 产生了 1000 万摄氏度的等离子体，在国际上掀起了托卡马克的热潮，各国相继建设或改建了一大批托卡马克装置，核聚变研究跨入了“托卡马克时代”。

（二）全球联合共同研发

为了实现可控核聚变技术，探索利用核聚变能量的方式，1985 年，苏联、美国、日本和欧洲共同体提出 ITER（国际热核实验反应堆）计划，目的是建立第一个试验用的聚变反应堆。2006 年，欧盟、中国、韩国、俄罗斯、日本、印度和美国正式签署联合实施协定，启动实施计划。该计划将历时 35 年，其中建造阶段 10 年、运行和开发利用阶段 20 年、去活化阶段 5 年。它是全球规模最大、影响最深远的国际科研合作项目之一。

ITER 项目的早期发展。1985 年，美苏两个超级大国在冷战中斗得精疲力尽，决定明面上握手言和，美国时任总统里根与苏联时任领导人戈尔巴乔夫在日内瓦峰会上倡议，由美、苏、日本以及欧共体共同启动 ITER 计划，准备在 2010 年建成。20 世纪 90 年代，苏联解体，最先进的托卡马克装置 T15 因经费问题于 1995 年关闭。1995 年，美国国会因为美国在化石能源与潜在可再生能源上的巨大优势，将核聚变经费削减了 1/3。1998 年，美国拒签 ITER 项目的下一阶段协议，相当于直接退出了 ITER 项目。

中国独立进行可控核聚变研究。中国的可控核聚变研究最早可以追溯到1955年，钱三强等科学家敏锐地发现了这一前沿领域的战略重要性，提议中国开展自己的可控核聚变研究。次年，“人造太阳”便被列入了“十二年科技规划”。1966年，由核工业西南物理研究院（简称西物院）主导的“303工程”在四川乐山上马。1970年，世界核聚变研究已经进入“托卡马克时代”，西物院根据苏联公开的一些简单数据与几张照片，开始了自己的托卡马克装置设计建造，工程历时15年，于1984年底联调成功，被命名为“中国环流器一号（HL–1）”，其性能迈入了当时的先进行列。1972年，在合肥中国科学院物理所，陈春先等人也开始小型托卡马克装置的建设，取名CT–6，意思是“中国托卡马克”。1990年，中国获得苏联第一个超导托卡马克装置T7，合肥等离子物理研究所通过研究T7，消化吸收了国际先进的核聚变研究成果，1994年组装出了零件全国产的超导托卡马克装置HT–7。1998年，中国立项了全世界第一台全超导非圆截面的托卡马克装置HT–7U，后改名为EAST，并积极地为ITER国际合作计划做准备。此后，中国的可控核聚变研究在国际舞台上开始崭露头角，具有了一席之地。

全球共同研发。在美国宣布退出ITER计划之时，中国就有核物理科学家给中央领导写信，提出了加入ITER计划的建议，并得到了中央的回复。2003年，在科技部牵头下，中国正式以“平等伙伴”身份加入了ITER谈判。在中国签署加入ITER谈判协议6天后，美国宣布重返ITER计划，韩国与印度也紧随着宣布加入。经过3年艰苦曲折的谈判，2006年5月，中国代表在法国爱丽舍宫签署了ITER计划《联合实施协定》和《特权与豁免协定》。2007年8月，由各方共同出资的ITER国际聚变能组织正式成立，参与各国共享技术。2014年，俄罗斯国家原子能公司副总经理维亚切斯拉夫·佩尔舒科夫公开表示，只有俄罗斯和中国两国遵守ITER计划的工作进度表，欧盟各国落后将近三年。鉴于ITER项目的拖沓与混乱的现状，2018年，中国提出了自己的ITER——CFETR（中国聚变工程实验堆）项目，准备在2050年完成聚变工程实验堆实验，建设聚变商业示范堆，掌握人类终极能源。CFETR的立项建设，说明中国从跟随、学习正式走上了独立自主赶超世界最先进的道路。2020年12月4日14时02分，我国自主设计建造、规模最大、参数最高的新一代“人造太阳”——中国环流器二号M（HL-2M）装置正式建成并实现首次放电，标志着我国正式跨入全球可控核聚变研究前列。

加入ITER计划后的10多年，中国有超过3000位科学家和3000多名研究生参与了ITER计划的相关研究，大大提升了我国在核聚变领域的科研、项目管理、专业人才培养能力。中国由此掌握的特种材料、关键设备、极端条件精密制造等关键技术已形成“同步辐射”效应，在航空、航天、电子等前沿领域都实现了创新应用。[①]这些成果最终将推动CFETR在30年后，成为影响你我身边的现实。

（三）“无限能源”

2021年5月28日，中国科学院合肥物质科学研究院的全超导托卡马克核聚变实验装置（EAST），成功实现可重复的1.2亿摄氏

① 参见核工业西南物理研究院团委：《精益求精筑能源梦想技术领航谱聚变华章》，《中国共青团》2021年第24期。

度 101 秒和 1.6 亿摄氏度 20 秒等离子体运行，创造新的世界纪录。2022 年 10 月 19 日，中国新一代“人造太阳”装置（HL-2M）等离子体电流突破 100 万安培（1 兆安），创造了中国可控核聚变装置运行新纪录，标志着我国核聚变研发距离聚变点火迈进重要一步，跻身国际第一方阵，技术水平居国际前列。随着技术的发展，如果可控核聚变技术可以实现并商业化，电价会越来越低廉，人类社会的生产生活不再被能源束缚，工业将加速发展，化石燃料会被核电替代，环境将会大大改善。

可控核聚变在国防和军事领域具有无限的应用前景。如果未来可控核聚变装置能够实现长周期稳态运行并实现小型化，核聚变反应堆将为各种军事武器装备注入强大动力。核聚变发动机取代燃油机安装在大型运输机、战斗机等飞行器上，可以节省化石燃料占据

图 6-2　中国“人造太阳”全超导托卡马克核聚变实验装置（EAST）

图片来源：中新图片 / 王天昊

的大量空间，减少机身重量，提高推力载荷，缩短起飞距离，极大提高大型军用飞机的航程、运载量。小型核聚变反应堆可为全电化武器装备提供强劲持久的自持能力，尤其是无人作战装备方面，可长时间部署于战场，持续发挥效能。以激光、电磁炮、高功率微波为核心的新概念武器的全电化作战力量以电能作为“弹药”，将颠覆传统作战中武器装备对弹药的依赖。通过聚变反应堆对武器装备采用接触式或者直接远程充电，后勤保障质效将得到大幅提升。

如果再向更远处展望，可控核聚变技术最有可能成为人类星际航行的“第一推力”。未来如果将可控核聚变技术应用于航天领域，把小型聚变反应堆应用到火箭发动机上，为其提供持久、高效、清洁的能源，那么，航天器的速度和持续飞行能力可得到极大提升。探索外太空奥秘、实现星际航行不再存在能源问题，人类开启星际探索之旅的梦想或将变为现实。

四、深海探测促进能源开发

尽管近些年新能源发展迅速，但化石燃料仍是当前工业的主要动力能源。因此，在大力发展新能源的同时，必须加大传统能源勘探开发和增储力度，加强传统能源与新能源之间的战略性协同及策略性融合，切实增强能源安全保障能力。

（一）油气能源仍占据战略地位

油气资源作为能源，在运输、热值和环境保护等诸多方面均优于煤炭，所以自20世纪以来，油气在世界能源结构中所占的比例逐渐上升，现已取代煤炭而成为能源之王。20世纪70年代初，整个欧洲全部能源消耗中，煤炭只占22%，而石油占比已升至61%，同时期日本能源消耗中石油占比则高达70%。到80年代，全世界能源消耗中，石油、天然气占55%以上。近几十年来，为减少空气污染，保护环境，人类生活所用燃料已逐渐更替为油气，越来越多的厂矿企业使用油气作燃料。油气作为能源，在战争中的作用更是显著，在20世纪的两次世界大战中，关键战役的胜败都取决于石油供应能否跟上。

石油作为目前世界上使用量最大、使用领域最广的能源，其使用优势和基础性作用在未来一段时期内是不可取代的。从已探明的储量来看，现已探明世界石油可开采储量约2600亿吨，剩余1400亿吨，并且目前世界探明的石油储量每年增长3.24%。若将现在不能利用或利用率较低的油砂、重油、超重油等非常规石油资源开发利用，那么石油资源的使用保证期至少可以延长至21世纪末。因此，谈论石油枯竭问题为时尚早。从现有的技术水平看，非石油资源的开发和使用仍停留在初始阶段，其经济成本和技术代价巨大。因此，从经济角度和技术角度来说，在未来相当长的时期内，石油的战略能源地位是不可替代的。

油气化工产品已在国民经济中占有重要地位。在现代工商业中，油气资源还是化工、机械、医药（包括农药）、化肥等工业的主要原料。乙烯、丙烯、丁二烯、苯、甲苯、二甲苯、乙炔等化学工业应用的主要原料都来自石油和天然气。石油化工产品的范围很广，既包括各种染料、农药、医药，又包括合成纤维、合成橡胶、合成塑料以及合成氨、硫酸等无机化工产品。

油气资源在全球经济和社会发展中占有极其重要的地位。油气资源在各国均受到高度重视，通常被作为战略物资来评价、规划和管理。各国针对其开发和利用制定了特殊的政策，大量投资油气资源的勘探、开发和生产活动。

（二）我国的深海探测开发

人类社会的发展离不开各种资源的开发利用，随着陆地资源逐渐枯竭，人们将注意力转向了深海。海底蕴藏着大量深海石油和天然气。据估计，地球上石油极限储量为 1 万亿吨，可开采储量为 3000 亿吨，其中海底石油为 1350 亿吨。20 世纪末，海洋石油年产量达 30 亿吨，占世界石油总产量的 50%。地球上天然气总储量为 255 万亿—280 万亿立方米，其中海洋天然气储量为 140 万亿立方米。

根据《联合国海洋公约法》，全球 49% 的国际海域为公海域，其资源是人类的共同财产，只要技术先进就可以探索和研发。相较于国外，我国深海活动开展稍晚，但作为后起之秀，发展迅速。1959 年，我国组建了第一支海上地震队在渤海进行地震、重力和电磁测量。1960 年，我国在海南莺歌海盐场钻了两口油井，首次获得重质原油 150 公斤。1974 年，中国船舶第七〇八研究所设计、沪东造船厂建造了双体浮式钻井船“勘探一号”。1984 年，中国船舶第七〇八研究所研究设计、上海造船厂建造了我国第一座半潜式钻井平台“勘探三号”。2008年，世界上最大的坐地式石油平台在秦皇岛下水。2011年，全球最先进的半潜式深海钻井平台“海油981”在上海下水，这是我国第一座自主设计和建设的深水钻井平台。2017年，全球最大最先进的半潜式钻井平台“蓝鲸1号”在烟台下水。2019年，半潜式钻井平台“蓝鲸2号”完工下水，它能在水深超过3000米的海域工作，最大钻井深度超过15000米。[①]2021年9月，全球首艘智能型深水钻井平台“深蓝探索”在我国南海珠江口盆地成功开钻，承担起我国海上深水海区、高温高压地层、超深埋藏地层的油气勘探开发重任。

根据第三次全国石油资源评价结果，中国海洋石油资源量为246亿吨，占全国石油资源总量的23%；海洋天然气资源量为16万亿立方米，占总量的30%。中国海洋石油探明程度为12%，海洋天然气探明程度为11%，远低于世界平均水平。自然资源部国家深海基地管理中心组织2022年工作会提出了将加快推动国家深海基因库、国家深海大数据中心和国家深海标本样品馆三大平台建设，促进深海业务活动与深海资源保存、利用进一步融合发展。同时，加快构建基于“深海一号”科考船的“三龙”装备作业体系，形成独具特色的深海精细化综合调查能力。

（三）海洋开发的未来发展

当前，中国、俄罗斯、美国、韩国、德国等多个国家及企业

① 参见王建强：《探测海洋油气资源之路》，《自然资源科普与文化》2021年第4期。

已与国际海底管理局签订合同，获得了多个具有专属勘探权和优先商业开采权的海底资源合同区。但是，因为缺少相对成熟的开采技术，至今都没有大规模地进行商业开采。

近几年，我国在海洋科学上取得了巨大的成绩，尤其是在海洋资源利用、海底石油勘测、海产品生产等方面，已经达到世界领先地位。2022 年，中国海洋石油集团有限公司计划钻探海上勘探井 227 口，陆上非常规勘探井 132 口，将有 13 个新项目投产，主要包括中国的渤中 29–6 油田开发、垦利 6–1 油田 5–1、5–2、6–1 区块开发、恩平 15–1/10–2/15–2/20–4 油田群联合开发和神府南气田开发以及海外的圭亚那 Liza 二期和印度尼西亚 3M（MDA、MBH、MAC）项目等。

中国如今已成为全球最大的原油和天然气进口国，油气对外依存度依旧呈上升趋势，面临的能源安全形势十分严峻。大力发展海洋石油产业，提升海洋油气勘探开发力度，既是贯彻落实中央关于加大国内油气勘探开发工作力度、保障国家能源安全要求的具体举措，也是保障中国能源安全的必然要求。作为海洋大国，我国海洋油气资源丰富，海洋油气是我国长期、大幅增产的重要领域。

我国必须发展而且有能力发展新能源和可再生能源产业，这不仅是全面落实习近平新时代中国特色社会主义思想的要求，也是实现高质量发展的必然选择。作为一项长期的国家战略任务，新能源产业将成为推动经济发展、改善环境、保障能源安全的重要力量。

第七章

新材料

向“新”而行

新材料是当今制造业的两大“底盘技术”之一，可以说新材料是传统产业转型和新兴产业发展的基石，是世界各国战略性新兴产业发展的重要物质基础。同时，新材料又是世界各国经济发展、社会进步、文化传承的基础性要素，它一次又一次地推动技术的进步、改变世界的面貌和人类社会的生活方式。21 世纪，新材料的突破性进展将在很大程度上推动人类社会进入第四次工业革命。

一、新材料发展的热点领域

新材料是国际竞争的重点领域，它的发展不仅可以加快材料产业的更新换代，而且有助于提升国家的科学技术水平。比如，纳米材料、超材料、柔性材料等关键材料领域的突破性进展，甚至可以打破现有的世界格局，成为国际竞争的“胜负手”。

（一）新材料的“前世今生”

新材料，顾名思义就是新近发展或通过传统材料改性处理而具有优异性能的结构材料和有特殊性质的功能材料。其中，功能材料主要利用它们的力学、热学、电学、磁学和光学等性质来实现某种功能，如隐身材料、半导体材料、纳米材料等；结构材料如金属玻璃或新型陶瓷材料等，主要利用它的硬度、强度和弹性等机械性能。新材料最大的特点就是“新”，紧跟时代的步伐，性能出众。新材料和传统材料之间没有明确的界限，新材料是在传统材料的基础上发展起来的，通过在设计思路、成分、工艺等方面的改进，提高传统材料的性能或使它出现新的性能，使传统材料发展成为新材料。作为高新技术的基石和先导，新材料有着极其广泛的应用，它与新一代信息技术和生物技术成为21世纪最重要和最有前途的发展领域。与传统材料一样，新材料可以从结构组成、功能和应用领域等多个角度进行不同的分类。目前，新材料主要分为复合材料、纳米材料、超导材料、智能材料、能源材料和磁性材料六大类。我们以复合材料和纳米材料为例，一起认识新材料的发展历程。

一是复合材料。复合材料是人们利用先进的制备技术将不同性质的材料优化组合而形成的新型材料，它不仅可以保留原有成分的优良性能，还可以通过各成分之间的杂化和互补产生新的性能。自古以来，人们就不断尝试开发复合材料，如利用稻草或麦秸增强黏土来建造房屋。复合材料的跨越式发展是从20世纪30年代开始的，树脂的出现推动了整个复合材料工业的发展；40年代，由于航空工业的需要，研制出了玻璃钢也称玻璃纤维增强塑料，复合材料的名称也是首次出现在这一时期；50 年代以后，碳纤维、碳化硅纤维、硼纤维和芳纶纤维等高强度、高模量的纤维相继被研制出来，它们能进一步同橡胶、碳、合成树脂和陶瓷等非金属或铝、镁、钛等金属复合，构成各种各样的新型复合材料；2010 年以后，3D 打印技术的兴起为复合材料的发展创造了更为广阔的平台。复合材料与整个社会的发展密切相关，有关它的研究、生产和应用的深度和广度，已成为衡量一个国家科学技术先进水平的重要指标。21 世纪以来，我国复合材料产业发展迅速，年均增长速度在 10% 以上，稳居世界第一。

二是纳米材料。纳米材料是指三维尺寸中至少有一维在纳米尺寸（1—100 纳米）范围内的微粒作为基本结构单元构成的材料。纳米是一个长度单位，是米的十亿分之一，1 纳米大约是一根头发丝直径的六万分之一，当粒子的尺寸达到纳米级别时会有很显著的量子效应、小尺寸效应、表面效应和边界效应，表现出不同于宏观物质的特性。纳米技术逐渐发展成融前沿科学与高新技术于一体的科学体系，在纳米尺度范围认识和改造自然，并通过直接操纵和排列原子与分子的方式创造新物质，生产出满足工业实践需求的产品。经过几十年的研究和实践，目前科学家们已经能够在实验室条件下操纵单个原子，实现了纳米技术的飞跃式发展。纳米材料是纳米技术领域中最具活力和最丰富的研究分支，整个人类社会将因纳米材料的发展和广泛应用而产生根本性的变革。例如，由直径为 6 纳米的铁晶体构成的纳米铁材料，不仅在强度上比普通铁材料高 10 倍以上，而且还能将自身硬度提高上千倍，是特种钢材的重要原材料；由直径只有1.4纳米的碳纳米管构成的计算机芯片，它的质量是同等体积下钢的1/6，而强度却是其100倍以上，是未来高能纤维的理想材料。我国纳米技术的发展起步较晚，发展水平较低，我们必须格外重视基础理论和纳米技术的研究，为21世纪中国科学技术的进步和国民经济的腾飞奠定坚实的基础。

（二）新材料产业——我国七大战略性新兴产业之一

新材料产业包括新材料及其相关产品和技术装备，具体包括新材料自身形成的产业、新材料技术与装备制造业、推广传统材料技术的产业等。与传统材料相比，新材料产业具有研发投入大、技术强度高、应用范围广、产品附加值高、发展前景好等特点，其研发水平和产业化规模已成为衡量一个国家科技水平、国防实力和经济实力的重要指标。新材料的开发和应用是21世纪科技发展的主要方向之一。新材料不仅是高新技术发展的基础，也是高端制造业和国防工业的重要保障，更是世界各国战略性新兴产业竞争的焦点领域。它们持续推动技术的革命，在国民经济发展中起着举足轻重的作用。

新材料产业是中国七大战略性新兴产业之一，是“中国制造2025”重点发展的十大领域之一，是整个制造业转型升级的产业基础，在工业体系中占有十分重要的地位。经过几十年的发展，我国新材料产业的发展规模不断扩大，技术水平不断提升，创新能力日益增强，发展布局日益合理，在复合材料、陶瓷材料、轻金属材料、纳米材料、石墨材料等领域成绩斐然，逐步形成以石墨材料、纳米材料、复合材料等领域为主的产业集群。特种不锈钢、储能材料、玻璃纤维及其复合材料、光伏材料、超硬材料的产能位居世界前列；有色金属、化纤、稀土金属等百余种材料产量稳居世界第一；聚烯烃催化剂、超级钢、电解铝等关键材料的相关技术取得突破；新型显示材料、半导体照明材料、多晶硅材料等领域的工程化和产业化进程稳步推进；纳米材料及器件、生物医用材料、光纤、超导材料等技术领域取得重大进展，为科学技术的进步、人民生活水平的提高和社会经济的快速增长提供了保障。在了解我国新材料产业高速发展的同时，我们也要明白在关键材料领域所面临的困境，如上游关键材料发展还存在诸多“卡脖子”环节，国内替代需求迫切、市场巨大，这些问题都亟待解决，我国目前正处于由材料大国向材料强国转变的关键时期。

（三）抢占“制胜点”

新材料产业作为多个产业链的上游环节，其发展受下游应用环节的制约，与互联网等高速迭代的行业相比，新材料产业的市场节奏显得比较缓慢，其研发成果很难快速地大规模应用。新材料正成为世界各国竞争的“胜负手”，在其缓慢发展的背后，蕴藏着巨大的能量积累，一旦在关键材料领域取得突破性进展，如纳米材料、石墨烯材料、3D 打印材料、超导材料、液态金属材料、光学材料、超材料等，将有可能迅速打破该领域现有的市场格局，在国际竞争中脱颖而出。

一是纳米材料。得益于纳米技术的不断创新和应用领域的不断发展，全球纳米材料市场增长迅速，全球市场规模已超过 1000 亿美元，国内市场规模已超过千亿元。然而，如今高端纳米技术被国外垄断，我国纳米技术发展水平较低，尚未形成一批有实力的生产企业。二是石墨烯。石墨烯是目前世界上最薄、最硬的材料，同时还具有优异的导热性和导电性，已广泛应用于智能手机、超薄液晶电视、平板电脑、大功率节能 LED 照明、锂电材料等领域，拥有诱人的发展前景。三是 3D 打印材料。随着 3D 打印技术的不断发展，形成了 PLA（聚乳酸）和 ABS（丙烯腈－丁二烯－苯乙烯共聚物）占主导地位的多元化发展格局。近 5 年来，我国相关产业一直维持 20% 以上的增速，正处于稳定快速的发展阶段。四是超导材料。目前，低温超导是应用最广泛的领域，但人们对于高温超导甚至是常温超导的研究热情始终未曾减弱。随着技术的进步，高温超导材料的市场规模将稳步扩大。五是液态金属。液态金属是通信、计算机等高科技领域的关键材料，是主宰未来高科技竞赛的超级材料之一，预计将在行业中占据重要地位。目前，全球液态金属产品的市场规模约有 300 亿美元的发展空间。六是光学薄膜材料。光学薄膜已广泛应用于电子显示、建筑、汽车、新能源等领域，具有广阔的发展空间。目前，我国在中低端光学薄膜领域已经实现了国产化替代，但在高端光学薄膜领域我国还基本依赖进口。如今，我们正在通过内生和外延的方式寻求技术突破和产业升级，突破光刻胶的海外技术垄断已成为中国前沿技术的关键所在。七是超材料。超材料是指具有特殊性质的人造材料，如光子晶体、金属水、超磁性材料等。它的设计思想非常超前，在不违背自然规律的前提下，设计出与天然物质性质迥异的新物质，把功能材料的开发与应用带入一个新的世界，已广泛应用于军事工业领域，是具有重要战略意义的前沿关键技术。隐身技术是近年来超材料领域最热、最集中的研究方向，如美国的 F–35 战斗机就是应用了超材料隐身技术。

目前，在新材料领域，我国正处于从中低端产品自给自足到自主研发中高端产品的过渡阶段，虽然近年来新材料产业的产能大幅提升，但品质普遍较低，还不能满足国内对相关高端产品的需求，部分产品受制于西方国家的管控，严重依赖进口。为了提升我国新材料的基础支撑能力，我国已印发一系列纲领性文件，围绕关键战略材料、先进基础材料和前沿新材料三个方向重点展开，力争在新时代的国际竞争中占据一席之地，抢占制胜点。

二、石墨烯——新材料之王

石墨烯是一种二维碳元素材料，独一无二的结构赋予了它不可思议的性能，在硬度、导电性、导热性、稳定性等方面都有不俗的表现，这也使它在能源开发、材料科学、生物医学、微纳加工等领域有巨大的发展潜力，被誉为新材料之王。

（一）神奇的二维材料

石墨烯是由 sp^2 杂化（原子在形成分子的过程中一种成键方式）连接的碳原子紧密堆积所形成的蜂窝状晶格结构，主要分为单层石墨烯、双层石墨烯、少层石墨烯（3—9层）和多层石墨烯（10层以上）四类。碳是一种神奇的元素，拥有世界上最为丰富的化合物种类，碳纳米管是一维材料；大自然中最硬的物质——金刚石是三维碳元素材料。我们介绍的二维材料石墨烯，同样是一种碳元素材料。二维材料，顾名思义就是两个维度的材料，可以将它理解为一张很薄很薄的纸，在一个方向上几乎没有厚度。由于其独一无二的结构，石墨烯具有优异的力学、光学、电学等性能，在诸多领域都有着诱人的应用前景，是一种可以改变世界发展格局的关键材料。

之前，科学家们认为像石墨烯这种材料是不可能存在的，因为它是一种二维材料，在原则上很难被制备出来。但在2004年，英国曼彻斯特大学的安德烈·盖姆和康斯坦丁·诺沃肖洛夫成功制备出了这种材料。他们使用最简单的胶带粘揭法，却获得了最不可思议的石墨烯材料，最终他们也因石墨烯的发明获得了诺贝尔物理学奖。经过十几年的发展，石墨烯的制备技术也日趋成熟，薄膜状石墨烯通常由化学气相沉积法获得，而粉体状石墨烯经常由碳化硅外延法和氧化还原法制备。2018年3月，中国首条石墨烯有机太阳能光电子器件全自动生产线在山东省菏泽市投产。轻薄的石墨烯有机太阳能电池成功克服了太阳能发电的三大难题——不易造型、应用局限、对角度敏感，能够在弱光条件下发电。

结构决定性质，石墨烯内部碳原子的独特排列方式使它具有十分出色的性能。作为目前世界上强度最高的材料，石墨烯材料还同时兼具良好的韧性和可弯曲性；经氧化后得到的功能化石墨烯，还可以用来制作异常坚韧的石墨烯纸，一改普通石墨烯纸易脆的缺点。石墨烯还是一种良好的导热体，其热导率高达 5000W/(m · K)，优于一维材料碳纳米管，比金、银、铜等常见金属高 10 倍以上，这是由于石墨烯主要依赖声子来传递热量，而电子对石墨烯传热过程的影响基本可以忽略不计。同样，石墨烯的导电性也非常优秀，由于石墨烯的载流子具有一种特殊的量子隧道效应，遇到杂质时可以避免向后的散射，所以室温下载流子迁移率是硅材料的 10 倍以上，是已知载流子迁移率最高的 InSb（物质锑化铟）的两倍以上。石墨烯的结构非常稳定，这是因为石墨烯内部的碳原子之间的连接方式非常灵活，可以通过弯曲变形等方式来抵消外界的作用力，而不需要改变碳原子间的排列方式，以此来保持内部结构的稳定性。

（二）无处不在的石墨烯

石墨烯是世界上已知强度最大、最轻的材料，其优异的物理化学性质持续地吸引着研究人员的深入研究。石墨烯的出现引发了全球性的研究热潮，并推动许多其他领域取得了突破性进展。石墨烯的特殊性能使它成为新材料领域的“新贵”，成为热点领域中的重要研究方向，并由此引发一系列产业变革，在基础研究、复合材料、柔性显示屏、新能源电池、生物医学和航空航天等有着广泛的应用和诱人的发展前景。

一是基础研究领域。石墨烯材料对基础研究有着特殊的意义，它可以使一些以前只能在理论上进行论证的现象变成现实（如量子效应），促进了基础物理理论的发展。在二维石墨烯中，电子质量似乎不存在，这种情况下我们必须用相对论量子力学分析它们的运动规律，这是因为无质量粒子必须以光速运动。这一特性使石墨烯成为一种罕见的凝聚态物质，为理论物理学家提供了一个新的研究方向：用石墨烯材料代替一些原本需要在巨型粒子加速器中进行的实验，可以大幅减少研究成本。

二是复合材料领域。石墨烯无机纳米复合材料和石墨烯聚合物是石墨烯复合材料的两大研究方向，前者是石墨烯材料与无机纳米材料组成的复合材料，后者属于有机聚合物。中国研究人员发明了一种泡沫材料，它是由微小的管状石墨烯形成蜂窝状结构，这种泡沫拥有堪比金属的硬度，却像气球一样轻，这种神奇的性质使它可以用来制造坦克装甲、防弹衣等，能够有效提高武器装备的质量和部队战斗力。美国科学家将二维石墨烯材料“转型”为拥有三维结构的石墨烯泡沫，使它拥有堪比钢筋的硬度和强度，再结合碳纳米

图 7-1　石墨烯材料制成的穿戴用品　　图片来源：中新图片 / 贾天勇

管材料，一起制成拥有部分金属属性的“增强型石墨烯”，可以充当金属的替代物。

三是柔性显示屏领域。近年来，各大手机制造商都推出了一种高端产品——折叠手机，可弯曲屏幕成为高端智能手机的重要发展趋势。石墨烯优异的导电性和透光性，特别是它集高强度与柔韧性于一体的神奇性质，使它成为可弯曲屏幕移动显示器的不二选择。石墨烯柔性透明显示器最早由韩国科学家发明，他在一块 63 厘米宽的柔性透明玻璃纤维上制作了一块电视机大小的石墨烯。

四是新能源电池领域。石墨烯凭借良好的导电性可以用作导电电极。科学家们认为，石墨烯超级电容器具有比现有电容器更高的储能密度。由于石墨烯导电性能好，可以广泛应用于锂离子电池。例如，美国研究人员成功研制出附有石墨烯纳米涂层的柔性光伏板，可大大降低太阳能电池的制造成本，这种类型的电池有利于数字设备小型化，在军事、摄影领域有着巨大的发展潜力。

五是生物医学领域。石墨烯不仅可以用来加速人类骨髓间充质干细胞的成骨分化，也可以用于制造生物传感器。同时，由于良好的柔韧性、导电性和生物相容性，石墨烯材料还可以作为神经界面电极，它不会改变或破坏信号强度，不会造成疤痕组织的形成。

六是航空航天领域。由于具有高强度、高导电性、超轻和超薄等特点，石墨烯在航空航天和军事领域的应用也极为突出。2014 年，美国航空航天局开发了一种石墨烯传感器，可以很好地探测地球上层大气中的微量元素。石墨烯材料还将在超轻型飞机材料等潜在应用领域发挥更重要的作用。

（三）欣欣向荣的石墨烯产业

我国石墨烯相关产业正处于高速发展时期。由于石墨烯材料独一无二的物理化学性质和潜在的应用价值，研究人员致力于在不同领域尝试不同的方法来制备高质量、大面积的石墨烯材料，通过不断优化和改进石墨烯的制备工艺，逐步降低石墨烯的制备成本，使其优异的性能可以得到广泛应用，并逐步走向工业化，为广大人民的生活提供便利，为国家社会的发展提供强大动力。我国在石墨烯研究方面具有独特的优势。我国具有丰富的能源储备，随着近年来中国新能源和半导体产业的快速发展，石墨烯的市场需求也逐年增加。目前，中国已成为世界上最大的天然石墨供应国，占全球市场供应总量的70%以上，这在一定程度上推动了我国石墨烯产业的发展。

在了解我国石墨烯产业发展成绩的同时，也需认清我国石墨烯的产业化仍处于早期阶段，一些应用还不足以反映石墨烯的各种“理想”性能，世界各地的研究人员正在探索“撒手锏”级应用。近年来，我国对石墨烯材料的研究及应用经历了由依赖进口到自主研发的转变，在智能穿戴设备上的应用效果逐渐显现出来，工业化势头令人鼓舞，产业化步伐明显加快，涌现了多个具有石墨烯特色的产业创新示范区。

三、超导体——无限接近的“永动机”

超导材料已成为21世纪科技革命的突破点和对各国来说具有

战略意义的关键材料。试想一下，如果我们能够在社会生产活动中消除电阻的效应，使电流能够无损耗地输送、电器能够正常运行而没有热效应，那就意味着人类在某种意义上无限接近“永动机”了，这将会给人类社会带来怎样的变革呢？

（一）伟大的发明

2023 年 3 月，兰加·迪亚斯和来自美国罗切斯特大学的团队在美国物理学会上宣布了他们对于“室温超导材料”的发现。这是一种镥－氮－氢三元化合物（NDLH），可在最高温度 294K（约 21℃）以及 10000 个大气压的条件下实现超导。这一事件一经传播，就引发了广泛的讨论，如果该研究结果真实可靠，将刷新超导材料新的临界温度，将有望颠覆现有的能源产业，改变人类储存、传输和使用能量的方式。那么，什么是超导材料呢？

所谓超导材料，是指某些在一定低温条件下具有电阻等于零并排斥磁力线的特性的材料。迄今为止，人们已发现 28 种元素及数千种合金和化合物可以在一定条件下成为超导体。一般来说，各类材料按电阻率由小到大可分为导体、半导体和绝缘体。例如，大多数金属都是导体，具有良好的导电性，它们在室温下的电阻率很小，但终究不是零，总是存在一定的能量损耗。科学家发现当一些材料的温度降低到特定温度以下时，电阻突然降为零，同时具有完全抗磁性，导致内部的磁感应强度为零，即零电阻状态和完全抗磁性同时发生，我们把这种状态称为超导现象，这些材料称为超导体，这一特定温度称为临界温度。人们对超导材料的研究已经有上百年了。1911 年，荷兰物理学家海克·卡末林·昂内斯用液氦在 4.2K 的温度下冷却汞时，发现汞的电阻为零，首次发现了超导现象，超导体的概念由此诞生。仅在两年后，海克·卡末林·昂内斯就因为超导体的发现获得了诺贝尔物理学奖。尽管超导现象的发现在世界范围内引起了轰动，但它所需的极端条件严重限制了超导材料的应用。1973 年，科学家发现了一种超导合金——铌锗合金，其超导临界温度为 32.4K，这一纪录保持了近 13 年。1986 年，美国贝尔实验室研制出一种超导材料，临界温度达到 40K，首次突破了 40K 液氢的温度屏障，人们对“高温”超导体的研究取得重大突破，由此掀起了以金属氧化物陶瓷材料为主的“高温”超导体材料的研究热潮。1987 年，华裔科学家朱敬武和中国科学家赵忠贤先后将钇钡铜氧的临界温度提高到 90K，突破了 77K 液氮的“温度堡垒”。1988 年，日本在液氮温区获得了超导体，解决了困扰科学界多年的问题，研制出临界温度为 110K 的超导材料，自此引发的“超导热”迅速席卷全球。2006 年，日本科学家细野秀雄团队发现了一种氟掺杂氧化镧铁砷化合物，其超导临界温度为 24K，开创了铁基超导体的先例。2014 年，吉林大学崔田教授通过计算预测在 200GPa 高压下，硫化氢的超导临界温度在 191 至 204K 之间，这个结果迅速吸引了国际超导研究者的注意。同年年底，德国马克斯·普朗克化学研究所的米哈伊尔·叶列梅特通过实验证实了这个预测，他们获得了临界温度为 190K 的硫化氢。一年后，这一临界温度又被提高到了 203K，成功突破了干冰温区的屏障。在超导材料上百年的研究历史中，共有 10 位科学家因重大的研究成果而获得诺贝尔物理学奖。目前，已发现的超导材料可分为有机超导体、金属及其合金超导体、铜氧化物超导体、铁基超导体、重费米子超导体和其他氧化物超导体几大类。

超导体的一系列神奇特性关系着能源产业的发展格局，这些产业具有重要的战略地位，如无损电力传输、高速磁悬浮列车等。因此，自超导现象被发现以来，人们对超导微观机理和应用研究的热情从未减弱，在探索超导材料的道路上不断前进。

（二）超导体发展蓝图

超导材料自被发现以来，就凭借优异的性能向人类展示出诱人的前景，我们很难想象超导技术的普及将给国家、社会的发展以及经济、国防技术的提升提供多大的助力，但我们可以肯定，超导技术一定能像半导体材料那样再一次改变人类的生产和生活方式。室温超导技术的突破和广泛应用必将引发一场新的科技革命，对科学技术、经济、军事乃至人类社会的发展都将产生不可估量的影响。超导技术有着非常广泛的应用，在电子计算机、通信、输电、生物工程、交通、航空航天、新能源和军事装备等领域都展现出了光明的前景，下面我们结合超导材料在超导磁体、磁悬浮系统、超导电缆、超导计算机、超导储能装置和量子超导干涉仪六个具体应用了解超导体的巨大发展潜力。

一是超导磁体。超导磁体可以实现常规导体材料无法实现的磁场强度、磁场梯度和磁场均匀度，是超导材料应用最广泛的领域。例如，我们常常听说的核磁共振成像（MRI）就是应用了超导磁体，已成为最准确的医疗检测方法之一；还有各种类型的超导磁体应用于检测仪器、实验装置、晶体生长等许多方面。二是磁悬浮系统。相比于传统的磁悬浮系统，由超导线圈构成的磁悬浮结构可以产生更大的悬浮力，更重要的是由于超导线圈没有电阻，不会产生焦耳热，没有能量损失。在磁悬浮轨道交通系统中使用超导电磁线圈，不仅可以产生更大的悬浮和驱动力，而且能够最大限度地节省电能，有利于发展绿色、低碳经济。三是超导电缆。利用超导材料制作导线，可以在不需要变电站和变压器等配电设备的情况下传输电力，至少可以避免10%的电力损耗（电力的传输、变电、配电会产生焦耳热，造成额外的损失，浪费能源），大大节省了电力成本，超导电力技术是21世纪电力工业唯一的高新技术。四是超导计算机。超导材料在电子领域有巨大的发展潜力。不同于传统计算机，超导计算机是由超导芯片制造而成，可以大幅提高计算速度的同时，减小计算机的体积。如美国开发的一台超导计算机运算速度为每秒800万次，相较于普通计算机，运算速度提高了上千倍，而体积却只有一部电话那么大。此外，由于超导芯片电阻为零，不会产生焦耳热，所以它的功耗小，高效运行时间长。五是超导储能装置。超导储能器件可以实现能量的直接存储，无须能量转换，具有转换效率高和响应速度快等特点。超导储能应用于电网时，由于线圈电阻为零，几乎没有电能损失，因此可以设计一种大容量超导储能装置，可以调节电网负荷，在低谷时储存电能，在高峰时释放电能。此外，超导体约束的等离子体可以引起核聚变，实现可控的热核反应，在解决能源危机中发挥着重要作用。六是超导量子干涉

图 7-2　2020 年 8 月 17 日，世界上电压等级最高、容量最大的 160 千伏超导直流限流器“走出”实验室，在广东汕头南澳柔性直流系统挂网试运行

图片来源：中新图片 / 沈甸

仪。由超导器件制成的超精密超导量子干涉仪可以探测到极弱的电磁波。超导量子干涉仪不仅可以探测出深藏地下的矿产资源，还可以探测人脑高级的神经活动，揭示人脑思维活动的奥秘；利用超导体的完全抗磁性，可以制造出一种新型回旋加速器，使人们在更深层次感知微观世界的奥妙；利用超导原理制造的超导重力仪、超导滤波器、新型红外探测器、超导磁探头和各种微波器件将广泛应用于航空航天、地质勘探、军工武器和天文等领域。

（三）理想丰满，现实“骨感”

自从超导现象被发现以来，人们就开始构建超导材料在现实生活中的应用蓝图。超导体所具有的优良性能，无疑将给人类世界带来翻天覆地的变化，甚至会开启第四次科技革命。在这个能源日益稀缺的时代，超导材料的应用不仅可以大大节约资源，还能减少使用化石能源造成的环境问题。超导材料不仅是过去、现在的研究热点，也必是将来的研究热点，当然，想要实现超导材料大规模应用的理想，需要克服诸多理论上和技术上的难题。

传统的超导材料需要极低的临界温度和极大的压强环境才能成为超导体，这完全限制了它们在实际生产、生活中的应用。人们一直在寻找能够在更高温度下实现超导的材料，这就是高温超导材料。然而，目前发现的高温超导材料的超导临界温度通常在零下 150℃到零下 100℃之间，即使远高于传统超导材料的临界温度，但相较于室温来说，这些温度仍然不够高，不能满足我们的生产和生活的需求。因此，科学家们一直在探索新的超导材料，以寻找可以在更高温度下实现超导的材料，即室温超导材料。

如果不考虑温度条件，直接利用低温环境来应用超导体又会如何呢？结果同样发现“此路不通”。原因很简单，如果将超导体直接应用于低温、高压的极端环境，我们需要人为地创造零下 200℃左右的低温环境。以超导电缆为例，要创造这样的极端环境，所消耗的能量远远超过了超导电缆所能节省的能量，得不偿失；同时，超导体系统的构造也是一个至关重要的问题，大多数超导材料都非常脆，不像普通金属材料那样坚韧耐用，如果用在电缆上，故障率会很高，大大增加了人工维护的成本，这在商业应用中是不允许的。因此，以目前的技术水平，要实现超导体的大规模应用还有很长的路要走，需要克服的困难有很多。但研究室温超导材料对于促进科学技术的发展和解决能源问题具有重要意义，一旦技术上取得突破性进展，其应用难度和成本将会大大降低，会对人类文明的进步产生深远影响。也正因为如此，兰加·迪亚斯团队关于“室温超导材料的发现”一经公布，就在世界范围内引起了巨大轰动。室温超导材料的研究是一项巨大挑战，需要材料科学、物理、化学等多学科专家的共同努力，才有可能发现更多的超导材料，进一步推动超导材料的应用。

四、新材料的发展前景

材料是人类一切生产和生活的物质基础，材料创新促进技术的发展和产业的升级，已成为推动国家经济发展和社会进步的重要动力，对于新材料的研究是人类文明继续前进的必由之路。

（一）机遇与挑战

如今，国际社会正在经历一场范围更广、层次更深的新的产业革命，高新技术、新材料、能源技术等相互交叉融合、相互渗透，引发了一系列新产业、新技术、新生态。新的产业革命的本质是技术进步和模式创新驱动的变革，其主要特征可以概括为“一主多翼”：“一主”是指在当前工业革命背景下，数字化、信息化、智能化等主流趋势；“多翼”是指能源技术、材料技术、生物技术等领域的创新发展与广泛应用。新材料与新能源、人工智能、智慧城市等新兴产业发展高度融合，创新步伐不断加快。日新月异的科学技术与社会经济，为新材料的大发展提供了难得的历史机遇。

新材料作为制造业的两大“底盘技术”之一，其战略地位不断提高，世界各国都在不遗余力地调整战略部署，制定符合本国国情、面向世界的产业政策。新材料龙头企业集中分布在以美国、欧洲和日本为首的发达国家，他们拥有着新材料领域的核心技术和更强的研发能力，垄断着全球市场；中国和俄罗斯等国紧随其后，属于第二梯队。如今世界各国纷纷制定“再工业化”战略，将发展新材料产业作为发展制造业、抢占新一轮科技、经济竞争制胜点的重要抓手。如今，我国面临着严峻的国际形势，以美国为首的西方发达国家仰仗在关键材料领域的垄断地位，不断对我国材料产业施加压力，抑制中国高端材料产业的发展。

（二）新材料产业路在何方

如今，新材料产品日新月异，产业升级、应用更新换代步伐不断加快，新材料产业发展将会呈现以下三大趋势。一是新技术与新材料交叉融合，加速新材料创新过程。21 世纪以来，全球新材料产业竞争格局发生了重大变革，新材料与信息技术、能源技术和生物技术等学科的交叉融合不断深化，数字化、智能化等技术在新材料研发设计中的作用日益突出，新材料创新步伐持续加快，研发越来越依赖于多学科合作，国际市场竞争日趋激烈。例如，材料学与物理学的深度融合催生了高温超导材料；固体物理学的重大突破导致了一系列拓扑材料的出现；以材料基因工程为代表的一系列材料设计新方法，推动了新材料的研发、设计、制造和应用模式发生重大变革，大大缩减了新材料的研发周期，减少了研发成本，加快了新材料的创新进程。

二是绿色化、智能化成为新材料发展的新趋势。进入 21 世纪以来，生态环境恶化、资源枯竭、人均需求显著增加等国际问题日益严重，绿色、可持续发展理念已成为世界各国的共识。世界各国都把新材料的发展与可持续发展紧密结合起来，更加注重新材料的发展与自然资源与环境的协调。低能耗、少污染、绿色生产和材料回收利用是新材料产业在经济社会可持续发展政策指导下的重要发展方向。随着物联网、人工智能、云计算等新技术的高速发展，先进制造技术正朝着智能化方向发展。智能制造设备集成了多个智能控制软件和模块，使制造工艺主动去适应制造环境的变化，从而实现制造工艺的自动优化。

三是新材料技术日益提升人类生活质量。随着新材料研究技术的不断拓展，新材料产业的发展更加注重以人为本的发展理念，涌现出许多与人类生活水平提高密切相关的新兴产业，极大程度上给人们的生活提供了便利。例如，生物医学材料的应用显著降低了各种疾病的病发率和致死率；血管支架等介入设备的发展导致了微创和介入治疗技术的发展；基于分子和基因的临床诊断材料和设备的开发使肝癌等重大疾病的早期发现和早期治疗成为可能。氮化镓等复合新材料的发展带动了半导体照明技术的出现以及快速充电设备的产生；质子膜燃料电池促进了新能源汽车产业的发展。

（三）艰难中前行

新中国成立以后，特别是改革开放以来，我国出台了多项政策，大力发展新材料产业，始终坚持“需求驱动、创新发展”的方针。经过 40 多年的不懈努力，我国新材料产业的研发能力逐步增强，自主创新能力不断提升，在制度建设、技术进步、集群效应和产业规模等方面取得了举世瞩目的成就。新材料的种类不断增加，已广泛应用于国民经济各个领域，基本涵盖了金属、聚合物、陶瓷等结构材料和功能材料的研发、设计、生产和应用全过程。其中，先进基础材料能够基本满足国民经济和社会发展的需求；关键战略材料也为航空航天事业、特高压输电、深海油气开发、高速铁路、大型飞机等重大工程的顺利实施作出重要贡献；一些关键领域的新材料产业规模已位居世界前列。

尽管我国新材料产业取得了显著成就，但仍存在许多问题。一是高端新材料对外依存度高，产业基础设施薄弱。例如，虽然我们的集成电路和显示产业的产能已居世界前列，但 70% 以上的集成电路和显示材料仍需进口；部分领域材料的研发与生产严重脱节，工艺和设备问题没有得到重视，生产设备严重依赖进口；部分关键材料依赖国外进口，已成为制约中国新材料产业发展的主要瓶颈。二是创新能力不足，难以抢占战略制高点。我国针对单晶硅、光电信息功能材料等高尖端关键材料和革命性材料的研究工作乏善可陈；国际行业巨头不仅在大多数高尖端材料领域占据垄断地位，还在许多前沿材料的研究领域处于领先地位。三是投资分散，缺乏整体规划。中国一些新材料产业的产业结构还不够合理，新材料产业的投资过于分散，各个领域没有形成联动效应。四是管理支撑体系不健全，没有形成良好的生态系统。虽然中国材料检测评价机构数量众多，但材料检测评价机构普遍规模较小，高性能检测设备不能完全自主生产，高层次检测人才不足。

为了能够冲出黑暗，迎接黎明，我们要以新材料产业的高质量发展为目标，加大政府对相关企业的扶持力度，重视创新能力的提高，全面突破关键材料领域的核心技术，攻克“卡脖子”品种；建立高效协同的管理机制，合理分工协作，通过产业链、创新链和资金链的有机融合，相互连接、融合，从而提高新材料产业的综合治理能力和产业基础能力。我国已颁布了一系列纲领性文件，争取进一步缩小高端材料领域与西方发达国家的差距，做到在关键新材料领域的总体技术和应用与国际先进水平保持同步，部分领域达到国际领先水平，力争在新时代的国际竞争中占据一席之地。

如今，新材料逐渐成为推动全球经济和社会发展不可或缺的强大动力，是高新技术发展的重要物质保障，最有可能成为新的科技革命的突破口。新材料最大的特点就是“新”，始终紧跟时代发展的步伐，每一次材料创新都深刻影响着相关产业的发展进程，推动经济的发展和人民生活水平的提高，我们要增强创新意识，向“新”而行，努力建设创新型材料强国。

第八章

新基建

国家经济增长的助推器

党的二十大报告强调，加快实施创新驱动发展战略。新型基础设施是现代化基础设施体系的重要组成部分，是实施创新驱动发展战略、推动经济社会高质量发展的重要支撑。党的十八大以来，我国新型基础设施建设已取得初步成效，为经济社会发展提供了强大动力。在本章中，我们将通过为什么要提出新基建、新基建和旧基建的关系、新基建的重点领域以及新基建对中国未来经济社会发展的重要影响，系统解读新基建的时代内涵和价值。

一、新基建的提出

当前，我国经济发展面临很多困难挑战，经济恢复的基础尚不稳固，需求收缩、供给冲击、预期转弱三重压力仍然较大。新基建作为投资的重要组成部分，是发展数字经济的重要抓手，将为我国经济发展释放新动能，守住“六保”（保居民就业、保基本民生、保市场主体、保粮食能源安全、保产业链供应链稳定、保基层运转），促进“六稳”（稳就业、稳金融、稳外贸、稳外资、稳投资、稳预期），缓解社会主要矛盾，突围“三期叠加”，助力“十四五”规划顺利落地，为全面建设社会主义现代化国家提供重要支撑。新基建的提出是基于以下三点：经济增长的压力、经济转型的动力、智能化时代的选择。

（一）经济增长的压力

新冠疫情世所罕见，对中国经济社会发展产生了巨大影响。疫情暴发，全国 14 亿多人口“宅”在家中，国家经济付出很大代价，生产生活秩序受到冲击。同时疫情还在全球蔓延，使全球经济承受巨大损失。但危机往往是风险与机遇并存。一方面，疫情使我国经济发展遭受较大冲击和影响，但另一方面，疫情也刺激了新的消费需求，催生了新产业、新模式、新业态。如我们所熟悉的云课堂、云购物、云赏樱、云旅游、无人机、智能体温检测、远程就医、机器人等。可以说，以 5G 网络、人工智能、工业互联网等为代表的新技术在此次疫情中展现出巨大发展潜能。

同时，受 2008 年国际金融危机影响，世界很多国家尤其是西方国家没有从金融危机中走出来，逆全球化、贸易保护主义、单边主义不断抬头，世界经济增长持续乏力，金融危机仍在蔓延，发展鸿沟越来越突出，全球动荡源和风险点显著增多。2018 年，美国挑起对中国的贸易摩擦，尽管现在已经达成第一阶段经贸协议，但我国出口仍持续承受较大压力。另外，当今世界正发生着最为迅速、广泛、深刻的变化。以信息技术为代表的高新技术迅猛发展，国与国之间的竞争力越来越集中在以信息化和信息产业发展水平为主的综合国力的竞争。新一轮科技革命和产业革命正在孕育成长，数字经济使人类处理大数据的数量、质量和速度的能力不断增强，推动社会生产力快速发展，可以说谁掌握了核心技术，谁就能在第四次工业革命中遥遥领先。正是在这样的背景下，为了有效地应对国际国内可以预见和难以预见的风险和挑战，促进形成强大的国内市场，深化供给侧结构性改革，努力满足人民日益增长的美好生活需要。2018 年 12 月召开的中央经济会议提出，要发挥投资关键作用，加大制造业技术改造和设备更新，加快 5G 商用步伐，加强人工智能、工业互联网、物联网等新型基础设施建设。这是新基建首次出现在中央层面的会议中。

所谓“新基建”，又称新型基础设施建设，主要包括 5G 基站建设、特高压、城际高速铁路和城市轨道交通、新能源汽车充电桩、大数据中心、人工智能、工业互联网七大领域。“十四五”规划提出要加快建设新型基础设施，围绕强化数字转型、智能升级、融合创新支撑，布局建设信息基础设施、融合基础设施、创新基础设施等新型基础设施。新基建将为我国带来两大发展机遇：推进共享经济和拉动基础创新。新基建在兴建大数据中心等数字基础设施的同时，还强调把云计算、人工智能、物联网等技术嵌入各种社会基础设施中，极大提升了社会基础设施的“智慧”程度以及共享和分享能力，为全民带来共享发展机遇。

新基建除了具有传统基础设施稳定投资的作用，还具有更大更多的乘数效应。如单是 5G 基建，赛迪智库电子信息研究所《“新基

图 8-1　安徽铜陵首个 700M 频段 5G 基站完成安装　　图片来源：中新图片 / 过仕宁

建”发展白皮书》预测，到 2025 年建成基本覆盖全国的 5G 网络，预计需要 5G 基站 500 万—550 万个，以每个基站平均 50 万元计，将直接拉动基站投资约 2.5 万亿元。可以说，新基建作为投资驱动经济发展的重要方面，已成为稳定中国经济增长的主要驱动力。

（二）经济转型的动力

新基建不仅在投资方面能够拉动经济增长，而且能够催生新产业、新业态。它催生了如互联网经济、人工智能、数字经济等新技术产业，同时催发新的产业链重构，如上游产业光纤电缆、基站、传感器、存储器等，下游产业终端硬件如智能手机、智能家居、智能汽车等以及硬件所需的软件开发和设计等服务，每一个细分领域都有自己的产业链以及巨大的发展潜能和空间。例如，京东物流联手山东寿光打造的数字产业基地，依托大数据、5G、区块链、人工智能等前沿技术，实现了蔬菜的可追溯管理，使蔬菜管理更加精细化，让山东寿光的蔬菜基地成为一个广为人知的品牌。

在催生新产业、新业态的同时，新基建也激发了更多新的无接触需求。例如，网络购物方面，国家统计局数据显示，2022 年全国网上零售额 13.79 万亿元，同比增长 4%。其中，实物商品网上零售额 11.96 万亿元，同比增长 6.2%，占社会消费品零售总额的比重为 27.2%。[①] 直播带货方面，据网经社电子商务研究中心数据，2021 年中国直播电商市场规模达 23615.1 亿元，2022 年中国直播电商市场规模达到 3.5 万亿元。可以看出，随着新产业、新业态、新需求成为常态化，新基建必将成为新的经济增长点。

随着新的经济增长点的显现，新基建在促进就业增长方面也发挥了很大的作用。2022 年，我国应届大学毕业生首次突破千万大关，达到了 1076 万人，同比增加 167 万，规模和增量均创历史新高。面对复杂情况，就业压力显著增大。一方面，利用新基建特有的技术优势，进行云招聘，提供更多的就业渠道。教育部利用最新技术推出的“国家 24365 大学生就业服务平台”，全国各大高校也积极响应：搭建“云招聘”平台，开展“云就业”辅导，帮助毕业生尽早就业。另一方面，由于新基建可以拉动一些高级要素如高

① 参见张翼：《2022 年全国网上零售额 13.79 万亿元电商新业态新模式彰显活力》，《光明日报》2023 年 1 月 31 日。

端装备、相关人才和信息技术的投入，需要更多专业性的人才进行支撑，相应地可以催生新的就业岗位。例如，人力资源和社会保障部与国家市场监管总局、国家统计局联合向社会发布了包括智能制造工程技术人员、工业互联网工程技术人员、虚拟现实工程技术人员、网约配送员、人工智能训练师、全媒体运营师在内的16个新兴职业。[①] 大规模带动就业，为更多人才创造新机遇，可以说新基建日渐成为带动就业的新引擎。可以说，新基建不仅能促进巨大的投资与需求，也能不断促进消费市场的升级壮大，在稳增长、促就业、保民生方面发挥了巨大的作用，有力地对冲了疫情对中国经济的影响。

（三）智能化时代的选择

2021年11月，工业和信息化部印发的《“十四五”信息通信行业发展规划》明确提出，到2025年，基本建成高速泛在、集成互联、智能绿色、安全可靠的新型数字基础设施体系。智能计算是建设新基建的重要技术支撑，智能化新基建将深刻影响我国的实体经济，成为中国经济新引擎，为更多企业开辟新的增长模式。

智能化新基建对于中国经济发展最重要的意义之一，就是可以大大推动数字经济的发展。2020年3月4日，中共中央政治局常委会会议强调，要加快5G、数据中心等新型基础设施建设进度。

① 参见《人力资源社会保障部、市场监管总局、国家统计局联合发布智能制造工程技术人员等16个新职业》，中华人民共和国人力资源和社会保障部网站2020年3月2日。

一方面，加大以人工智能、物联网等新型基础设施建设，有利于调节经济结构，助推工业化向智能化转型；另一方面，新基建也是数字经济发展的“助推器”。作为数字经济的重要组成部分，新基建在着力打造数字经济的同时，还可以使数字产业规模不断扩大，为经济增长释放新动能。

数字经济的价值即网络产生和带来的效益将随着网络用户的增加而呈指数形式增长。2023 年 3 月 2 日，中国互联网络信息中心发布的《中国互联网络发展状况统计报告》显示，截至 2022 年 12 月，我国网民规模达 10.67 亿，较 2021 年 12 月增长 3549 万，互联网普及率达 75.6%；截至 2022 年 12 月，中国网络购物用户规模达 8.45 亿，占网民整体的 79.2%。新基建与实体经济的深度融合将打破传统基建边际效益递减的现状，使边际效益逐渐递增，经济发展呈现“乘数”效应。同时将大力推进产业结构的优化升级、助力我国经济转型升级，促进供给侧结构性改革，推动经济高质量发展。

二、新基建与旧基建

近年来，新型基础设施建设成为社会各界普遍关注和讨论的一个热点问题，并被视为应对经济发展压力、推动高新技术发展、全面建设社会主义现代化国家的关键领域。当前及今后较长一段时期，如何把握新基建与传统基建的关系，如何推动新基建与传统基建协同发展，这些都是亟待明确和进一步解决的问题。

（一）逐步饱和的旧基建

所谓旧基建，俗称“铁公基”，是相对新基建而言的。“铁公基”又叫“铁公机”，指的是铁路、公路、机场等重大基础设施建设，也可以泛泛地理解为政府主导的大规模投资性建设。

旧基建的巨大贡献早已被历史证明。基础设施是经济发展的基础和保障。有数据显示，基础设施建设增速每提升1个百分点，大约会拉动GDP增速0.11个百分点。从1981年到2017年，我国经济发展主要是由地产、传统基建为代表的投资驱动发展，地产、传统基建的投资有效地促进了我国经济的增长。根据交通运输部公布的数据，截至2022年底，全国铁路运营里程达到15.5万公里，其中高铁4.2万公里；公路总里程535万公里左右，其中高速公路17.7万公里；全国港口拥有生产性码头泊位2.1万个，其中万吨级及以上泊位2751个，国家高等级航道里程超过1.6万公里。[①] 我国在以上几个方面都位居世界前列，这对于中国经济发展的意义不言而喻。

但是，我国社会的主要矛盾已经转化为人民日益增长的美好生活需要和不平衡不充分的发展之间的矛盾。我国经济结构有效供给严重不足，不能适应人民新需求的变化，生产能力大多数只能满足中低端、低质量、低价格的需求，关键核心技术面临外国“卡脖子”的威胁等问题纷纷暴露出来，这些问题是我国经济面临最突出的结

① 参见王晶：《我国高速公路总里程达17.7万公里》，央广网2023年2月23日。

构失衡矛盾。为了解决发展中遇到的矛盾和问题，我们要以供给侧结构性改革为主线，推动经济高质量发展，不断提升我国经济创新活力。

（二）数据时代的基础——新基建

党的十八大以来，以习近平同志为核心的党中央高度重视发展数字经济，实施网络强国战略和国家大数据战略，建设数字中国、智慧社会，积极推进数字产业化和产业数字化。2014 年，中国国家大数据战略的谋篇布局正式启动。2015 年 8 月 31 日，国务院发布了《促进大数据发展行动纲要》，对包括大数据产业在内的大数据整体发展进行了部署，成为中国发展大数据的第一个战略性文件。2016 年 3 月，《中华人民共和国国民经济和社会发展第十三个五年规划纲要》公布，标志着国家大数据战略的正式提出，彰显了中央对于大数据战略的重视。2017 年 10 月，党的十九大报告提出，推动大数据和实体经济深度融合，为未来大数据产业的发展指明了方向。2020 年 5 月，面对新冠疫情对中国经济增长造成的严重影响，《政府工作报告》提出，全面推进“互联网 +”，打造数字经济新优势。

在数字经济发展过程中，新基建尤其是数据中心的建设，将会为经济的可持续增长奠定基础。数据中心在培育新模式新业态，助力经济结构调整等方面发挥着至关重要的作用。首先，从数据本身的发展看，数据流量的井喷式增长，亟须加快数据中心建设。一方面，用户流量增长助推数据量增长。截至 2011 年 12 月，我国网民规模约 5.13 亿人。截至 2022 年 12 月，我国网民规模达 10.67 亿，增长一倍。与此同时，移动互联网的接入流量快速增长，2011 年为 5.4 亿 GB，2022 年移动互联网接入流量达 2618 亿 GB，已经是 2011 年数据的近五百倍。用户数量的增多以及由此产生的用户流量的增长推高了数据量的增长。另一方面，数据流量增长推高对数据中心的需要程度。云计算、大数据等信息技术的快速变革推动数据流量爆炸式增长。其次，超大型数据中心建设是未来数据中心发展的必然要求。在新一轮数据中心建设中，数据中心向集约化、超大规模化演变。未来，超大型数据中心的数量将呈增长态势。

截至 2022 年底，我国在用数据中心超过 650 万标准机架，算力总规模位居世界第二，研发设计工具普及率达到了 77%。但与美国相比，我国超大规模数据中心数量仍然较少，比重较低，未来具有很大的发展空间。目前，中国数据中心的建设者主要包括三部分：电信运营商，独立第三方和大型互联网企业等。电信运营商（包括中国电信、中国联通、中国移动）具有自身的独特优势：垄断带宽等资源，机房分布广泛，以及体系布局已深入到县级以下等；独立第三方（主要包括世纪互联、万国数据、光环新网）的核心优势在于其建设经验和运维经验比较丰富；互联网公司的核心优势在于其自身既是建设者，同时也是使用者，因此可以统一规划和设计，并做全部的虚拟化、云化等处理。

（三）协同融合、共同发力

如何激活市场释放内需潜力？关键是要稳住企业、稳定信心，要让企业活得更好，企业有生产、愿投资，社会就有就业岗位，人们就有稳定的收入来源，市场就能得以稳定和持续扩大，企业就有良好的预期，由此形成良性循环。从三大需求增长的视角看，目前消费、出口短期内难以大幅回升，唯一可行的就是扩大投资需求。而在投资的三大领域中，以企业为主导的制造业投资目前增速下探最深，增长面临着多重困难与制约因素，减费降税等政策对维持企业生存有重要作用，但对企业扩大投资的激励作用有限，制造业投资增速短期内回正的难度极大。此时，以政府主导的基建需要更多发力，继续扩大基建投资规模是当前加快推进投资增速回正、扩大内需、稳定经济增长的唯一选择。通过继续扩大基建投资能够带来国内市场需求的扩大，带动制造业等产业的稳步回升，让市场主体得以喘息而平稳度过当前的困境，促进企业逐步恢复生机和活力、提升投资能力和投资意愿，从而稳定产业链和供应链、确保经济内循环的畅通和效率，以国内大市场支撑起我国经济增长之路。

继续扩大基建投资，要以补短板、强弱项、促升级为重点，新旧基建同时发力。一方面，以旧基建托底，承担短期稳定经济增长的重任；另一方面，“新基建”厚植提高未来经济发展质量的基础。一是继续加大传统基建投资力度。重点是水利、环境治理、城市群间快速通道、农田水利、城市更新改造与功能提升等领域，这些领域历史欠账多、短板与弱项不少，都需要大量投资。二是加快推进新型基础设施建设。我们要重点加快推进为制造业智能化、高质量转型升级发展提供支撑的信息基础设施与科技基础设施建设，加大数字技术应用于改造传统基础设施的投资力度，提升传统基础设施的运行能力与效率。

与此同时，要趁势加快推进改革进程，通过深化改革优化营商环境，改善投融资环境，切实降低企业融资成本、流通成本、商务成本。财政政策要更多发力，要为重大项目尤其是基建项目建设提供资金保障，确保稳投资措施能落地见效。

三、新基建的重点建设领域

新基建之“新”在于，一方面通过信息技术的市场化运动，推动数字产业形成和发展，加速数字产业化，为经济增长培育新动力，催生新产业、新业态。另一方面以产业为赋能对象，通过对传统产业进行数字化智能化改造，推动产业结构优化升级，加速产业数字化，实现对经济发展的“乘数”效应。数字产业化、产业数字化再加上重大科学研究的创新，不断促进数字经济的发展，促进我国社会在由工业社会迈向数字社会过程中实现超越式发展。新基建的重点建设领域，包括信息基础设施、融合基础设施、创新基础设施等。

（一）信息基础设施

信息基础设施主要是指基于新一代信息技术演化生成的基础设施，包括以5G、物联网、工业互联网、卫星互联网为代表的通信网络基础设施，以人工智能、云计算、区块链等为代表的新技术基础设施，以数据中心、智能计算中心为代表的算力基础设施等。信息基础设施作为新基建的一个重要方面，主要是以新一代信息技术为基础，它的“新”不仅表现在相对于传统基础设施方面的技术新，还表现在相对于原有信息基础设施自身的不断发展、完善和升级换代。

相对于传统的以自然资源为主的基础设施，信息基础设施最主要的特点在于利用数字技术这个新的生产要素进行生产建设，具有鲜明的科技特征和导向，是我国发展数字经济的载体。在信息基础设施方面，工业和信息化部发布的数据显示，截至 2022 年底，我国互联网宽带接入端口数达到 10.71 亿个，比 2021 年末净增 5320 万个。其中，光纤接入（FTTH/O）端口达到 10.25 亿个，比 2021 年末净增 6534 万个，占比由 2021 年末的 94.3% 提升至 95.7%。截至 2022 年底，具备千兆网络服务能力的 10GPON 端口数达 1523 万个，比 2021 年末净增 737.1 万个。由于信息基础设施建设建立在信息基础之上，以 5G、物联网、工业互联网等新技术为载体，使其受物理空间限制较小。所以，现代信息基础设施正以超越传统的方式打破物理空间的阻隔，跨区域跨时段地对各种资源进行高效配置，将广袤的国土空间联系在一起。根据北京大学数字金融研究中心和蚂蚁金服研究院的研究，数字经济通过以资金网络、信息网络、物流网络为代表的三大基础服务的普及，打破地域限制，使我国东中西部地区共享经济发展机遇。据统计，2013—2018 年，“胡焕庸线”东西两侧电商数据差距下降 28%[①]，极大地缩小了人均发展差距。同时借助互联网的快速发展、快递迅速崛起，新技术让偏远地区的人们也能享受快递的便捷和网上购物的方便。如京东物流实行

① 参见《报告：跨越“胡焕庸线”数字经济助力平衡发展》，环球网 2019 年 9 月 23 日。

“千县万镇 24 小时达”计划，可以让人们享受当日或次日收到物品的体验。可以说信息基础设施为数字经济发展提供了非常有力的支撑。据 2023 年 4 月发布的《数字中国发展报告（2022 年）》，2022 年我国数字经济规模达 50.2 万亿元，总量稳居世界第二，占 GDP 比重提升至 41.5%，数字经济成为稳增长促转型的重要引擎。

（二）融合基础设施

融合基础设施主要是指深度应用互联网、大数据、人工智能等技术，支撑传统基础设施转型升级，进而形成的融合基础设施，比如，智能交通基础设施、智慧能源基础设施等。融合基础设施作为新基建的另一个重要组成部分，它的“新”一方面表现在助推传统基础设施转型升级，另一方面表现在多领域、多种类、各主体、全要素的融合，对我国全面深化各领域数字化转型、发挥数字经济的新引擎作用具有重大意义。

融合基础设施对传统基础设施的转型升级，是通过对传统产业进行数字化、智能化改造，使数据成为新的生产要素，为数字经济发展提供技术保障和实现手段。相对传统基础设施，建立在融合基础设施之上的智能制造，通过大数据分析和智能化检索，可以发现潜在客户和原有客户的潜在需求，为客户创造新的需求，并在一定程度上通过数据共享解决企业生产经营活动中原本的信息不充分、不对称问题。同时，通过信息技术使城市管理更加精细化，使新时代环境下智慧城市建设路径更加清晰。

新冠疫情暴发初期，我们以震惊国内外的“中国速度”用 10

天左右时间建成武汉火神山医院和雷神山医院，被广大网友赞为“基建狂魔”。同时，更引人注目的是，华为配合三大运营商快速完成了5G基站建设、调试优化等工作，用3天左右的时间完成了医院内部的网络部署和调试，使全国网友可以通过直播观看两座医院的整个建设过程，见证这一奇迹的诞生。而且，在整个疫情防控期间，医生借助5G完成远程会诊，大大提升了治疗效果。可以说在此次疫情中，5G的速度优势和行业价值得到全面显现，也是传统基础设施改造升级的典范。在智慧交通方面，百度联合湖南省长沙市展现智能交通发展成果，向公众免费开放百度自动驾驶出租车，市民通过手机操作就可以亲身现场体验无人驾驶技术。同时，百度在湖南省长沙市实行百度“ACE交通引擎”，借助大数据、云计算、人工智能等手段引导自动驾驶、车路协同，可以实时感知、瞬时响应、智能决策，构建现代化智能交通体系。在智慧城市建设方面，科大讯飞作为人工智能语音界的领军企业，联合安徽省铜陵市开展“城市超脑计划”试点，在城市管理、交通、服务、教育、医疗等各方面运用“人工智能+”，使城市治理效率显著提高。一组数据显示，原先依赖于人工，全市每起事件的平均处理时间需要3—4天之久，每月最多处理100余起事件，而“城市超脑”试运行后，每起事件的平均处理时间降低到不足1天，每月平均可处理1000余起事件，处置时长缩短为原来的70%。[①] 可以说，随着数字技术的日益成熟，

① 参见王海涵、王磊:《安徽：发力数字科创便民便企办实事》，中国青年报客户端2022年1月27日。

我们利用数字技术的应用场景也会日渐增多，铁路、公路、机场等传统基础设施经过升级改造也会变得越来越智能化和自动化，与数字技术的结合也会越来越紧密。随着数字技术的发展，新基建与传统基建以后将会融合得越来越多，进入深度融合阶段，界限也会逐渐模糊，将共同服务于经济的长远健康发展，持续提升人民生活水平。

（三）创新基础设施

创新基础设施主要是指支撑科学研究、技术开发、产品研制等具有公益属性的基础设施，如重大科技基础设施、科教基础设施、产业技术创新基础设施等。创新基础设施作为新基建第三个重要组成部分，其“新”之处主要是以科学研究和重大创新为主，更加凸显科技创新在全面建设社会主义现代化国家中的作用，具有鲜明导向性和指向性。

将创新基础设施纳入新基建，一方面是对我国前期科研基础设施建设的明确和承认，也是对国家原有科研领域创新方针政策的进一步延续。也就是说，我们并不是在新基建站上风口以后才开始大力发展创新基础设施的，对于科研领域的创新是我们国家一直在做的事情。早在 2013 年，国务院发布的《国家重大科技基础设施建设中长期规划（2012—2030 年）》强调，“十二五”期末要实现重大科技基础设施总体技术水平基本进入国际先进行列，物质科学、核聚变、天文等领域的部分设施达到国际领先水平。可见国家一直非常重视科研领域的创新，并付出很大精力为科技创新提供机会。

将创新基础设施纳入新基建范围具有鲜明的导向性和指示性，显示出国家对科研领域创新的高度重视。另外，创新基础设施与我国建设科技强国的伟大目标有着密不可分的关系，将创新基础设施纳入新基建体现了国家对科技创新的信任和希望。只有加大科研领域的创新，才可能在某些领域出现“国之重器”，从而在世界处于领先地位。现在的世界竞争更多的是科技方面的竞争，尤其是核心科技、顶尖领域的竞争。在新一轮科技革命和产业革命中，科研领域创新扮演着十分重要的角色。如今，我国某些领域的科技创新不断步入“深水区”，相应地对创新基础设施提出更高的要求。无论是从现实还是未来，将创新基础设施纳入新基建范围将极大地推动基础研究、前沿科技的发展以及企业科技创新和成果转化、国际科技合作等。

创新基础设施有力支撑了科学技术研究。重大科技基础设施涉及众多领域，在科技创新和经济发展中有着巨大的引领作用。据了解，目前我国已经布局建设 77 个国家重大科技基础设施，其中的 34 个已建成运行，部分设施已经迈入全球第一方阵。国家重大科技基础设施体量大、投资大、能力强、技术复杂先进、具有明确的科学目标，是国之重器、科技利器，也是国家科技实力、经济实力的重要标志。这些设施推动了基础研究和应用研究的科技进步，成为解决重大战略科技问题的主平台，破解了多个“卡脖子”的科技难题。比如，被誉为“中国天眼”的 500 米口径球面射电望远镜，它可以用来探索宇宙的起源和演化。“综合极端条件实验装置”能够提供一系列极端实验条件，如极低温、超高压、强磁场、超快光

图 8-2 “中国天眼” 图片来源：FOTOE/ 张庆民

场等，为我们开展物质科学研究创造条件。“全超导托卡马克装置”是通过核聚变反应探索未来理想的清洁能源之路。

四、新基建对中国经济的深远影响

新基建将推动面向个人用户的互联网科技服务逐步面向各行各业，推动各行各业的深度融合和发展，推动社会进入一个全面感知、可靠传输、智能处理、精准决策的万物互联时代，全面改变人与人、人与物、物与物的互动方式和准则。随着新基建的持续快速发展，我国社会发展水平与发展形态必将进入新的阶段，人与人、人与物、物与物之间的关系开始量化，可以为社会发展、运行、协调提供更大的精准性，可以有效地促进社会的高效、有序运转。新基建之所以可以如此，应该说，是在“新”字上下足了功夫。

（一）深度改变人与人之间的关系

新基建改变了人与人之间的关系，在于新基建削弱了有限的传统要素对经济增长的制约，提升了数据资源、电力能源、人才的流动速度和参与程度，推动了技术、劳动、资本等其他生产要素的数字化发展，不仅提升了政府在规划、建设、运营、监管的全环节的社会治理能力和水平，还促进了中小城市和农村地区的协调发展。人与人之间的关系反映在国家社会治理能力和水平方面，使社会治理更精细、更高效、更人性化。如上海市闵行区通过分析 2019 年平安建设大数据，可以得出每天各类警情，如纠纷类警情、诈骗类警情、人身侵害类警情等分别在哪个时间段出现高峰，并加以重点防范和预防。浙江省杭州市下城区潮鸣街道引入“城市大脑”，为 150 名独居老人安装门磁报警器，并将数据连入管理员“城市大脑”，通过分析老人是否开门来判断老人是否遇到突发情况，并迅速将情况反馈至社区网格化管理员，使社区工作人员可以快速作出反应。这些都使社会治理更加精细化。重庆市合川区通过对社会治理大数据中心进行分析，只需几秒钟，数据中心就可以将 24 小时内辖区摄像头拍摄到的符合模糊特征的人物全部查找出来，初步锁定找寻人员，大大提高了工作效率。为了方便居民生活，现在全国各省市都相继推出线上 App，不论是搜索图书、办理证件、查询业务还是交通旅行、美食鉴赏等，都可以在线查询办理。

根据中国互联网络信息中心发布的第51次《中国互联网络发展状况统计报告》，截至2022年12月，我国在线政务服务用户规模达9.26亿，占网民整体的86.7%。全国一体化政务服务平台实名用户超过10亿人，其中国家政务服务平台注册用户8.08亿人，总使用量超过850亿人次。此外，疫情防控期间，新基建提高了社会在面临危机时候的韧性。新基建利用信息技术的优势，极大地提升了社会治理能力和水平，改变了原有的传统社区治理模式。

（二）改变了人与物之间的关系

在改变人与人之间关系的过程中，新基建重构生产、分配、交换、消费等经济活动各环节，催生出新的产品、新的产业，也大大改变了人与物之间的关系。改变人与物之间的关系主要在极大地改变了人们原有的生活习惯、生活状态、生活质量。如果说传统的基础设施是交通、电力、能源、卫生、通信等，如今新基建使我们在原有基础设施的基础上已经离不开Wi-Fi、电子商务、移动支付、物流、各种线上社交等。使用智能家居，只需要一键操作，你就可以随时随地关上家里的热水器、提前做上热腾腾的米饭、提早洗干净衣服等；使用智能电梯，不用手接触，只需告诉电梯到几层就可以顺利到达；智能魔镜可以随时根据天气变化和个人穿搭偏好为你提供每天出门穿搭建议；智能照明通过感知室外光线，就可以自动调节室内光线强度，做到节能环保和保护眼睛等。除个人生活的变化外，还有工作场景的变化。艾媒咨询数据显示：2020年复工期间，中国有超过1800万家企业采用了线上远程办公模式，共计超过3

亿用户使用远程办公应用。政府会议也开始采用远程视频，贵州省人大常委会采用中国移动“云视讯”视频系统召开全省十三届人大常委会第十五次会议[①]；上海洋山港作为全国首个“5G+智能驾驶”的智慧港口和国内集装箱吞吐量最大的港口之一，5G智能重卡可以实现在港区特定场景下的L4级自动驾驶、厘米级定位、精确停车、与自动化港机设备的交互以及东海大桥队列行驶。现在生活环境和工作环境一切都变得智能化，人与物的接触不需要再经过传统的实体接触或传统的人工劳动。经过数字技术的转化，人与物之间架起了数字的桥梁，当数字技术转化成新的生产要素，就可以实现人与物的新的互动。

（三）改变了物与物之间的关系

随着人工智能、工业互联网、物联网等技术的不断普及与应用，不仅人与人之间的关系可以通过线上网络线下实物实时转换，网络空间的投影作用也可以直接对现实世界的智能对象发生作用，免除了原有的物物关系需要通过“人”这个中间必要环节，使物与物之间的关系发生深刻变化。比如，在未来社会利用物联网传感器，就可以对空间各类行为实时进行反馈，动态进行管理，大大提高城市治理效能。目前，新基建可以说催生了一大批智能工厂、智能产业。如重庆市长安民生物流公司广泛采用的“智能仓”，通过40台灵活自动引导的搬运车——AGV小车，就可以在零部件发出出库

---

① 参见《新基建提速》，《瞭望东方周刊》2020年4月26日。

需求时将拥有1469个存储库位的零部件搬运至发货通道，而且每小时就可以实现800箱汽车零部件出入库，每年为企业节省约200万元成本，极大地节省了人力，提高了生产效率。[①]在湖南，中国联通利用工业互联网相关技术可以让三一重工厂房数十万台工程机械加装传感器，利用数据形成“挖掘机指数”，随时检测设备和各零部件及其他情况，及早发现问题，主动控制成本，人均效率提升了400%。另外，蒙牛集团和阿里云联合打造的“数字奶源智慧牧场管理平台”，可以根据奶牛每天行走的步数判断奶牛的健康状况。在农业方面，将新基建引入农业生产中，可以将光照、温度、湿度、土壤等一切和农作物生产、生长有关的变量结合在一起，通过一定的数量变化衡量农作物生长的态势，可以最大限度地检测农作物的生长状况，并对突发情况作出很好的反映。可以说，物与物之间的联系通过数字技术的转化，比以前更加灵活、更加精细、更能赋予产品新的适应时代需求的内涵，可以有效地帮助企业、农户等主体作出正确的决策，促进整体产业的发展。

---

① 参见潘旭涛、谭翊晨:《“新基建”将改变什么》,《人民日报海外版》2020年3月25日。

第九章

空间技术

世界大国博弈的战略制高点

空间技术，亦称航天技术，是探索、开发和利用太空以及地球以外天体的综合性工程技术。它涉及数学、物理学、天文学、空气动力学等多种基础学科，已经对人类政治、经济、军事等各领域的发展产生了越来越重要的影响，被视为关乎国家安全和发展的重要领域空间，成为大国开展战略博弈的新战场。当前，世界主要航天国家均将太空视为夺取未来战略发展优势和维护本国国家安全的关键领域。夺取和保持空间技术领域的领先地位对世界各大国维护本国国家安全、掌握战略主动具有重要意义。

一、空间技术的产生与发展

从古至今，人类一直都渴望摆脱地心引力，飞向天空。碍于人类身体机能限制，借助什么技术实现飞天成为摆在人类面前的一大难题。为此，许多富有献身精神的先人进行了孜孜不倦的探索。从我国明代学者万户将自己捆绑在一把有 47 支火箭的椅子上飞天开始，人类开启了依靠“燃烧”征服天空的征程。然而，古人以为离开了地面就是天，殊不知天外还有“天”。

（一）空间技术的历史回顾

苏联首枚人造卫星成功升空开启了人类的太空纪元，标志着人类活动空间从陆地、海洋、天空延展到了地外空间这个更为广阔的新疆域。

V2 火箭是现代航天运载火箭的先驱。现代火箭，可以说最早源自德国的 V2 火箭，这是第二次世界大战时德国的弹道导弹，是第一种超声速火箭，于 1944 年首次发射，当时还不是用于航天，而是装满了炸药，成为一种恐怖的武器。但是，V2 火箭在工程技术上实现了宇航先驱的技术设想，对现代大型火箭的发展起了承上启下的作用，是现代航天运载火箭和远程导弹的先驱，成为航天发展史上一个重要的里程碑。V2 火箭的设计虽不尽完善，但它是人类拥有的第一件向地球引力挑战的工具。

第一颗人造地球卫星成功升空宣告人类进入了太空时代。世界上第一颗人造地球卫星——斯普特尼克 1 号，于 1957 年 10 月 4 日在苏联发射。它在天空中运行了 92 天，绕地球约 1400 圈，行程约 6000 万公里后，在 1958 年 1 月 4 日陨落。斯普特尼克 1 号是第一个被人类送入太空的航天器，开创了人类的航天纪元。由于当时正是美苏冷战时期，斯普特尼克 1 号毫无先兆的成功发射，导致了美国的极大恐慌。随后，美国用“丘比特 –C”火箭成功发射了自己的第一颗卫星“探险者 1 号”。1970 年 4 月 24 日，“东方红一号”

卫星的成功发射标志着中国成为继苏联、美国、法国、日本后，第五个用自制火箭发射国产卫星的国家。

载人航天技术开启了人类进入太空的新纪元。1961 年 4 月 12 日，苏联宇航员加加林乘坐“东方 1 号”宇宙飞船从拜克努尔发射场起航，在轨道上绕地球一周，完成了世界上首次载人宇宙飞行，实现了人类进入太空的愿望，成为第一个进入太空的地球人，他所乘坐的东方 1 号宇宙飞船也成为世界上第一个载人进入外层空间的航天器。随后，美国航天员艾伦·谢泼德成功进行了首次载人亚轨道飞行，美国因此成为继苏联之后世界上第二个具有载人航天能力的国家。2003 年 10 月 15 日，中国的神舟五号载人飞船搭载航天员杨利伟在酒泉卫星发射中心成功发射并顺利返回，标志着中国成为世界上第三个独立掌握载人航天技术的国家。

航天飞机掀开可重复使用航天运载器的新篇章。航天飞机是一种先进的载人航天器，它既能像运载火箭那样垂直起飞，又能像飞机那样在返回大气层后在机场着陆，最大的特点是可以重复使用。世界上第一架航天飞机是美国 1981 年发射的“哥伦比亚”号。此后又陆续建造了“挑战者”号、“亚特兰蒂斯”号、“发现”号和“奋进”号航天飞机。2010 年，美国放弃了航天飞机计划，主要是由于航天飞机发射成本太高、老化速度太快以及安全性较差。除美国外，苏联曾建造过“奋进”号航天飞机。根据公开资料，我国自主研制的升力式亚轨道运载器重复使用飞行试验于 2022 年 8 月 26 日获得圆满成功，按照设定程序完成亚轨道飞行，平稳水平着陆于阿拉善右旗机场，成功实现了我国亚轨道运载器的首次重复使用飞行。

空间站刷新载人航天器在轨新时长。空间站是一种在太空中长时间运行，可供多名宇航员巡访、长期工作和生活的载人航天器，相当于人在太空中的稳定基地。从1971年开始，苏联先后发射了“礼炮”1号至7号空间站，进行了大量的太空实验。1986年，苏联发射了世界上第一个长期载人空间站——“和平”号空间站的核心舱。此后历时10年，“和平”号空间站才完整建成。2003年，“和平”号空间站在绕地球近15年、飞行8万多圈后，坠毁在太平洋。我国载人空间站工程以空间实验室为起步和衔接，按空间实验室和空间站两个阶段实施。2011年，我国成功发射了“天宫一号”空间实验室，并在2016年成功发射了“天宫二号”空间实验室。经过这两个空间实验室的建设，中国已经基本掌握了空间站技术。在2022年神舟十五号载人飞船任务发射之后，中国空间站建造阶段的任务已经全部执行完成。在国际空间站退役后，中国的空间站将是世界上唯一在轨运行的空间站。

（二）现代空间技术的组成部分

时至今日，人类空间技术已经发展到涵盖喷气技术、电子技术、自动化技术、遥感技术等，由运载器技术、航天器技术和航天测控技术三大系统组成的庞大技术体系。

一次性运载火箭。自人类第一次用运载火箭发射人造卫星以来，一次性运载火箭一直是人类航天运输的主要工具。自20世纪50年代至今，世界主要航天国家共研制成功了约400个火箭构型，累计进行了近6000次发射。早期的运载火箭多源于战略导弹，根据任务需求，在导弹基础上开发专用型运载工具。自 20 世纪 90 年代以来，美国、俄罗斯、欧洲、日本等主要航天国家和地区相继开发了各自的新一代一次性运载火箭。这些火箭普遍遵循模块化、通用化、系列化的发展思路，采用无毒无污染推进剂，在系统可靠性、任务适应性等方面得到大幅提升。长征系列运载火箭是中国自行研制的航天运载工具。长征火箭目前已经拥有退役、现役共计 4 代 20 种型号。长征火箭具备发射低、中、高不同地球轨道不同类型卫星及载人飞船的能力，并具备无人深空探测能力。低地球轨道运载能力达到 25 吨，太阳同步轨道运载能力达到 15 吨，地球同步转移轨道运载能力达到 14 吨。①

重复使用航天运载器。国外对于重复使用航天运载器的研究始于 20 世纪 50 年代，以美国的研究最具代表性，从 1981 年航天飞机成功实现首飞到 2011 年退役，5 架航天飞机共进行了 135 次飞行，实现了人类首个可部分重复使用航天运载器的工程应用。但由于其技术过于复杂，使用维护不便，直到退役，仍未达到设计之初的大幅简化使用维护需求、提高发射频度、降低成本的目标。重复使用航天运载器从动力形式上有火箭动力和组合动力两种，从回收方式上主要分为垂直回收和水平着陆回收。根据动力和回收方案的不同组合方式，目前，重复使用航天器主要有 3 种典型技术途径：火箭构型重复使用、升力式火箭动力重复使用、组合动力重复使用。近年来，美国 SpaceX 公司的“猎鹰 –9”火箭的垂直起降重复使用

① 参见杜树：《中国航天：飞向太空的壮丽征程》，《金秋》2021 年第 13 期。

技术已逐渐成熟，并在商业发射市场取得了越来越明显的优势。我国自主研制的升力式亚轨道运载器目前按照“三步走”规划，已经完成第一步即“火箭动力部分重复使用”，未来将逐步实现“火箭动力完全重复使用”和“组合动力”。

卫星遥感技术。遥感卫星又称对地观测卫星或地球遥感卫星。它们被用作间谍卫星或用于环境监测、气象学和制图。最常见的类型是地球成像卫星，它可以拍摄类似于航空照片的卫星图像。1957年10月4日，随着第一颗人造卫星斯普特尼克1号的发射，遥感卫星首次出现。目前主要的发展领域是应用卫星上各种传感仪器对远距离目标所辐射和反射的电磁波信息进行收集、处理和成像，从而对地面各种景物进行探测和识别。据统计，如今美国拥有遥感卫星数量排名第一，第二为中国，第三为日本，其他的俄罗斯、印度、德国等拥有的数量相对较少。目前，我国已初步形成多传感器、多分辨率、多比例尺立体测图的业务化稳定运行的陆地遥感卫星观测网，在自然资源、生态环境、应急管理等多个行业领域应用成效显著，成为推进国家治理体系和治理能力现代化的重要技术支撑，在维护国家陆海权益、把握国际竞争领域主动权等方面发挥了积极作用。

（三）未来空间技术发展的趋势

当前，主要航天国家均看到太空蕴藏的重大战略价值，都在积极谋划太空发展、强化太空能力建设、增强太空竞争力。未来30年，世界航天技术将持续快速发展，航天大国的投资将主要集中在以下几个方面。

遥感卫星。地球附近永远是人类发展航天的最核心竞争所在，在了解太阳系和宇宙之前，我们更需要了解地球、至少其他国家的情报，这类卫星永远是最高科技所在。美国的“锁眼”、GPS卫星、电子侦察卫星、中继卫星、军用通信卫星、红外预警卫星等在近些年集中换代。2022年12月3日，美国SpaceX公司发布了“星盾”计划。“星盾”系统将在“星链”技术和发射能力的基础上，专为美国国防部及其他政府部门提供遥感、保密通信和军用载荷搭载服务。未来，商业航天的军用价值不容忽视。商业宽带互联网卫星、遥感卫星等所有在低地球轨道运营的卫星将直接“参军”，融入军方的卫星体系成为大趋势。

太空“扫地机”。近年来，伴随人类太空活动的日益频繁，各类废弃太空飞行器形成的太空垃圾成为后续太空活动越来越严重的威胁。目前，不少国家正在积极研发一种基于拖船的立体太空垃圾处理技术。俄罗斯鄂木斯克国立技术大学的一个科研团队已经在相关技术上取得了突破。新技术使垃圾转移到回收轨道的速度比其他同行建议的速度快两倍成为可能。拖船在椭圆轨道上移动，“跳跃”到一个带有碎片的物体上进行捕获，然后将其带入致密的大气层，在那里燃烧殆尽。研究人员称，这种方法的关键优势是可将能耗成本降低到之前的几分之一。①

大视野观测台。人类探索太空的进程离不开各类探测平台的帮

---

① 参见董映璧:《俄研发太空垃圾清洁新技术》,《科技日报》2022年11月25日。

助，这些探测平台的兴起进一步拉近了人类与太空的距离，帮助人类解答了数千万年来许多未解之谜。例如，恐龙为什么会灭绝？路过地球甚至撞击过地球的这些小行星的运动有何规律？正在建设中的“中国复眼”，或许能给出答案。“中国复眼”是由北京理工大学牵头、众多科研单位共同参与建设的项目，拟研制世界探测距离最远的雷达。它可实现上对亿公里外的小行星和类地行星进行观察，拓展人类深空观察的边界，满足近地小行星撞击防御、地月态势感知等科研需求。① 未来，“中国复眼”三期工程建成后，将会构成一个由 400 部雷达组成，探测距离达到 1.5 亿公里的庞大系统，能够实现对太阳系内行星的高精度主动观测，为人类宇宙探索发挥更大作用、作出更大贡献。

清洁能源。随着世界清洁能源技术的不断发展，人类开始将清洁能源技术运用的目光投向太空，这无疑将极大地推动太空工程建设的可持续性发展。根据中国空间技术研究院的信息，中国计划到 2035 年建成一个 200 兆瓦级别的太空太阳能发电站。太空太阳能发电站能捕捉那些不会抵达地球的太阳能，将其转化成微波或者激光，然后传回地面供人们使用。虽然世界范围内仍有不少专家表示当下这一技术实现应用的可能性并不大，但是中国相关部门仍然希望加强国际间合作，实现技术领域的突破，让人们早日用上清洁能源，更好地开发利用太空。

新型推进系统。一方面，中国、美国、俄罗斯国家在研制重型

① 参见《“中国复眼”：高精度观测太空》，《现代班组》2022 年第 9 期。

火箭，渴望重回50年前“土星五号”大力出奇迹的时代；另一方面，传统的几种化学能（液氧煤油、液氧液氢、四氧化二氮联胺）已不能满足人类的需求。因此，新型化学能液氧甲烷吸引了许多国家，它更适合火星等环境的资源原位利用。更新型能量也在群雄逐鹿，离子电推进、太阳能光帆、核能用在深空探测领域也将慢慢成为日常。

商业太空探索。民营航空企业在航天领域的角逐愈加激烈，多样化的太空探索工具大力推动了太空探索的商业化发展进程。随着发射火箭和卫星成本的不断下降，越来越多的民营企业进入航天领域。诸如蓝色起源和维珍银河等公司在开发可重复使用火箭和太空旅游方面均取得了重大进展。民营航天企业数量不断激增、技术不断突破，促使其话语权正在增强。位于印度海得拉巴的天根宇航公司成功发射了 Vikram-S 火箭，这一举措标志着印度航天私有化的开始。而中国的进展最为突出，目前，中国商业航天已从“1.0 时代”进入“2.0 时代”，一些商业公司正在研制亚轨道太空旅游飞行器，2025 年中国有望开始亚轨道旅行。[①]

二、航天运载器技术多途径并行发展

航天运输系统是指往返于地球表面和空间轨道之间，或在不同轨道之间完成载荷转移的运输工具的总称。航天运输系统一般可分

① 参见朱琳：《太空探索受资本热捧》，《经济日报》2023 年 1 月 12 日。

为一次性运载火箭、空间转移运载器、重复使用航天运载器等。航天运输系统是一个国家自主进出空间能力的集中体现，是独立自主利用空间的基本前提和基础，是和平利用外层空间、维护国家空间利益、实现和保持空间安全的核心能力。

（一）一次性运载火箭技术

进入 21 世纪，国外航天研发机构和商业公司纷纷提出了下一代主力运载火箭研制计划，包括美国的“火神”“新格伦号”，俄罗斯的“联盟 –5”，欧洲的“阿里安 –6”和日本的“H–3”火箭等。[①] 在提出提升性能指标的同时，这些研发机构和商业公司均把降低发射成本、提升任务的灵活性和适应性作为主要研制目标。

近年来，美国在深空探测需求的牵引下，开展了重型运载火箭太空发射系统的研制工作。2021 年 5 月，美国 SpaceX 公司的 SN15 星舰原型机首次在 10 千米高空试飞中实现软着陆，验证了猛禽发动机的性能、飞行器整体再入能力、着陆前飞行姿态控制调整能力等。随后，美国 SpaceX 公司完成了超重火箭级和星舰飞船级的组装工作。俄罗斯以载人登月为需求和目标，充分利用 RD–171 和 RD–180 等成熟发动机，以“联盟 –5/6”火箭的研制为基础，通过捆绑构成“叶尼塞号”重型火箭[②]，但由于研制周期比较长、载人登

① 参见李东、李平岐：《长征五号火箭技术突破与中国运载火箭未来发展》，《航空学报》2022 年第 10 期。

② 参见李东、李平岐：《长征五号火箭技术突破与中国运载火箭未来发展》，《航空学报》2022 年第 10 期。

月的需求过于单一以及经费因素制约，其重型火箭计划的不确定性非常突出。目前，中国航天运输系统的主要代表是长征系列运载火箭、远征系列轨道转移运载器。另外，“快舟”“捷龙”等系列运载火箭以及正在发展中的民营航天公司研发的运载火箭也都在快速成长中。长征系列运载火箭具备将不同有效载荷送入低、中、高不同地球轨道的能力。2020 年，长征五号遥四运载火箭成功发射“天问一号”火星探测器，标志着中国火箭首次具备发射第二宇宙速度的行星际探测器的能力。

20 世纪 50 年代至今，世界主要航天国家共研制成功了大约 400 个火箭构型，累计进行了近 6000 次发射，占到了人类探索太空发射活动的绝大多数。由此可见，未来一段时间内，一次性运载火箭仍将是人类开展空间探索活动的主要工具。

（二）空间转移运载器技术

空间转移运载器技术是对传统火箭技术的延伸和拓展，是未来降低太空运输成本的重要手段之一，它最早多用于地球同步轨道或低地球轨道间的转移。目前，美国、中国等少数国家掌握空间转移运载器技术。

空间转移运载器技术是实现航天器快速部署、重构、扩充和维护的保障，是开发和利用空间资源的载体。在经历了近 60 年的发展后，目前空间转移运载器技术主要在以下方面取得了进展：一是开发出了固液混合的低温推进技术，使空间转移运载器的发射和空间转移成本大为降低；二是通用化、模块化水平进一步扩展，使空间转移运载器的使用拓展性大为增强，特别是一些整体技术水平不高的国家或地区也可以通过采购其他国家的零部件实现组合使用；三是空间转移运载器的在轨能力不断加强，以中国远征系列上面级的自主研制工作为代表，其已初步具备了48小时在轨、20次起动的能力，初步构建完成了覆盖太阳同步轨道、地球静止轨道的轨道转移运输体系。

未来，世界各国空间转移运载器技术将继续重点围绕构建轨道间、星际间低成本、强适应性的摆渡运输服务体系，大幅提升高效率空间运输能力等方面发力，以期在地球轨道多星定点部署、地月轨道往返运输、地火轨道往返运输以及更远的星际飞行任务等方面提供更多支撑。

（三）重复使用航天运载器技术

重复使用航天运载器是自由进出空间技术发展的必然趋势，对有效载荷的快速运输、低成本快速进出空间和小时级全球点对点快速抵达等能力的形成具有重要战略意义。重复使用航天运载器的不同技术方向各有不同的优势和发展前景，在多种技术途径探索的基础上，各国将会持续推进重复使用航天运载器开发和应用。

重复使用航天运载器从动力形式上有火箭动力和组合动力两种，从回收方式上主要分为垂直回收和水平着陆回收。根据动力和回收方案的不同组合方式，目前重复使用航天运载器主要有三种典型技术途径：火箭构型重复使用、升力式火箭动力重复使用、组合动力重复使用。升力式火箭动力重复使用航天运载器的特点是采用面对称翼身组合体升力式构型，上升段使用火箭发动机，返回时采用火箭发动机离轨、大气层内无动力滑翔，兼具航空器和航天器的特点，能够垂直起飞、水平着陆，以美国的航天飞机为代表。近年来，美国 SpaceX 公司提出的“超重 - 星舰”方案，采用前两种技术途径的组合，上升段采用火箭动力，回收段基于火箭动力和升力体气动减速两种方案的组合，实现了两级完全可重复使用，目前正在开展入轨级飞行试验的准备。组合动力重复使用航天运载器是指基于组合动力发动机（火箭基组合循环、涡轮基组合循环、预冷空气涡轮火箭组合循环、涡轮辅助火箭增强冲压组合循环等）的运载器。技术特点是动力技术难度大，但起降灵活，效率高，适应大空域飞行。目前，世界各国在此领域仍以前期技术探索和关键技术攻关为主。

总的来说，重复使用航天运载器技术正在进一步向“可靠、安全、环保、快速、机动、廉价”等方面发展。近年来，重复使用航天运载器技术的新突破使未来进入空间的成本和门槛不断降低，空间活动规模在现有基础上的大幅扩大已成为可能。

三、深空探测掀起科技竞争的热潮

从美国“旅行者 1 号”飞船进入星际空间，到欧洲“罗塞塔”探测器登临彗星；从印度“曼加里安”飞船进入火星轨道，到中国“嫦娥四号”世界首次月球背面着陆巡视探测……自 20 世纪 60 年代以来，全球共开展深空探测任务 260 余次，人类“足迹”已遍布太阳系八大行星，人类“眼界”已拓展至138亿光年。近年来，航天大国和新兴国家放眼“星辰大海”，制订多样的深空探测计划，开展全局性、前瞻性的战略性探索，以求在“太空竞赛”中处于领先地位。

（一）月球探测

月球是距离地球最近的天体，也是地球唯一的卫星。70多年以来，随着人类科学技术的发展，特别是航空航天技术的飞跃，人类对宇宙探索的广度和深度逐步提高，许多地外星系和天体越来越多地进入人们的视野，有力推动了人们对宇宙的发展和演化等方面的认知。在此进程中，月球成为人们开展宇宙探索优良的“实验场”和“跳板”，见证着人类向宇宙深处迈进的一点一滴。

图 9-1 “嫦娥五号”从月球带回的“土特产”——月壤样品

图片来源：中新图片 / 陈晓根

2023年可能会被称为“登月年”，因为多国都将发射探测器尝试登陆月球。2023年初，三家商业航天公司将向月球发送登月探测器，以争夺“全球首家商业公司登月”的荣誉。根据美国国家航空航天局与美国私营航天企业签署的协议，在1—3月期间，美国宇航机器人技术公司研制的“游隼”着陆器将起程前往月球；3月，另一家美国私营航天企业直觉机器公司的“新星–C”着陆器也将搭乘火箭，在月球表面搜寻可能存在的冰。同时，日本初创航天企业iSpace公司的“白兔–R”探测器已经于2022年12月升空，按计划于2023年4月尝试在月球表面着陆。除了这些商业航天公司，印度、俄罗斯、日本等多国“国家队”也将在2023年发射登月探测器。其中印度计划在6月发射“月船3号”探测器，尝试将着陆器和月球车送至月球南极。7月，俄罗斯航天局也将尝试将“月球–25”号月球探测器送至月球南极地区，以验证月球软着陆技术，钻取月球土壤样品，探测月球水冰。引起外界关注的是，它将是苏联在20世纪70年代停止探月计划后，俄罗斯首次发射的月球探测器。此外，日本也计划发射“小型月球探测着陆器”（SLIM）。这是日本首次月球表面探测任务，将演示验证精准月球着陆技术。

目前，我国在全球的探月竞赛中取得了决定性的领先地位。例如，成功发射“嫦娥五号”并带回部分月球样本。未来10—15年，我们已经准备实施探月第四期工程，“嫦娥六号”、“嫦娥七号”和“嫦娥八号”将按照相应任务分别实现采集更多月球土壤样本、着陆月球南极和组成月球南极科研站等任务。

（二）小行星探测和防御

据国际小行星中心的数据，在太阳系中已经发现的小行星超过 102.6 万颗。这些小行星的存在带来了撞击地球的隐患。小行星的威胁看似危言耸听，实际上距离人类却并不遥远。地球上发现的大大小小的陨石坑都在提醒着人们，来自天外星体的撞击是切实存在、不容忽视的。恐龙灭绝就被认为是小行星撞击地球导致的。因此，人类必须着眼探测接近地球的小行星并掌握相应防御技术。

随着人们对小行星认识的深入，世界各国都在积极制订相关规划，准备开展小行星的探测和防御任务。其中的重点是对小行星的运行轨道进行探测预警。我国小行星探测和防御任务的规划可以总结为“探测、预警、处置、救援”八字方针。未来，我国还准备开展木星系及天王星等行星际探测，太阳以及太阳系边际探测。目前，美国已经进行过首次人类小行星防御测试任务，进行了动能撞击技术的首次验证。下一步，各国将围绕预测小行星轨道出现偏差等特殊情况，开展在轨处置实验。对小行星撞击采取撞击的方式进行处置，其目的并不是摧毁小行星，主要目标是通过撞击使小行星的运行轨道发生变化，进而能使其运行轨道避开地球，达到防御的目的。

当然，也有一种可以尝试的方式是发射小型核弹对小行星进行实际毁伤。虽然目前尚未有国家对这种方式进行测试，但这的确是一种可行的方式。核武器的主要杀伤方式为冲击波、光热辐射、核辐射，冲击波需要依靠介质才能生效，在太空中失去了空气作为介质后冲击波很难实现真正的破坏效果。因此，在没有相关实验的基础上，核武器对小行星的摧毁效果仍然存疑。

（三）深空行星探测

按照国际航空联合会的规定，太空指的是距离地面 100 公里以上的外层空间，包括月球和其他天体在内。深空行星探测是对远离地球的金星、水星、火星、木星、土星等行星的探测。深空行星探测是人类拓展宇宙认知边界、探寻地外生命信息的重要技术途径，已成为世界深空探测活动的重要方向。探测火星、木星等天体可为人类研究太阳系起源和演化、探寻地外生命信息提供技术手段和科学依据。

在国际深空探测方面，世界各大国都在积极布局。2022 年，全球深空探测活动不仅包括我国的“天问一号”火星探测器进行的火星探测任务，还包括美国的阿尔忒弥斯 1 号和导航实验“顶石”

图 9-2 “祝融号”拍摄的火星上的影像，展示了“祝融号”巡视区域一处沙丘地貌的局部特征
图片来源：中新图片 / 中国科学院国家天文台

探测器任务，韩国的“达努里”探测任务，日本的白兔 –R 探测器任务等。总的来说，国外深空探测的进展较快，《阿尔忒弥斯协定》参与国进一步扩充。《阿尔忒弥斯协定》是全球深空探测活动的重要组成部分，目前签署国总共有 23 个国家。同时，韩国也实现了首次轨道器登月，将为其未来其他月球登陆活动做准备，阿拉伯联合酋长国虽然不具备发射深空探测器的实力，但是其月球车搭载了日本的商业月球着陆器，已经于 2023 年 4 月降落在了月球表面的阿特拉斯撞击坑。

目前，我国在行星探测特别是火星探测方面是位于世界前列的。截至 2022 年 12 月 31 日，“天问一号”环绕器已经实现在轨运行 687 个地球日，距离地球 2.4 亿千米的“祝融号”火星车已经抵达火星 670 余火星日、连续工作了 340 余火星日。两个深空探测器总计获得了超过 1000GB 的初始科学数据信息。目前，“天问一号”工作状态良好，而“祝融号”火星车处于自主休眠状态。据有关消息，“天问二号”探测器已经基本完成初样研制，将于 2023 年中转入正样研制阶段。目前，中国行星探测工程已批准实施“天问一号”“天问二号”“天问三号”“天问四号”四次任务。我国计划在 2025 年前后发射“天问二号”探测器，对近地小行星 2016HO3 进行探测、伴飞、取样和返回，还将探测一颗新近发现的主带彗星。

四、迈向浩瀚宇宙的基石

现代宇宙航行学奠基人康斯坦丁·齐奥尔科夫斯基曾经说过：

“地球是人类的摇篮，但是人类不能永远生活在摇篮里。”人类为什么要离开地球，如何离开地球以及如何在广阔的宇宙中克服重重困难，开拓新的生存空间。人类未来面临的这一系列问题是人类文明迈向浩瀚宇宙前必须解决的。

（一）揭示宇宙奥秘

自远古时代，人类就对浩瀚的宇宙有着无尽的想象，对探索宇宙、了解宇宙有着不懈的追求。进入 20 世纪，随着科学技术的进步，人们借助月球、火星、金星等各类行星、小行星、卫星探测器，逐渐揭开宇宙神秘面纱的一角。

人类对未知事物进行探索是天性使然，现代太空技术是当前科学研究的前沿领域之一。自 20 世纪六七十年代掀起月球探测的高潮以来，人类已经实现了对太阳系八大行星等主要天体的探测，获得了许多重大发现，同时也解答了许多以前未曾探索到答案的未知之谜。对于人类而言，太阳系从形成至今如何演化出智慧生物，这个复杂的演化过程是什么样的以及未来其他行星是否宜居、地外是否真的有其他生命等一系列复杂问题，都需要人类依靠科技一步步解答。下一步，太阳系整个行星系统的形成和演化过程是太空技术探索的关键问题，地外生命信号的识别是其核心之一。伴随着人类不断的探索，前沿太空科技的不断进步一定会孕育更多的科学发现和突破。

时至今日，人类对宇宙起源和运动规律孜孜不倦的追求仍在继续。仰望星空，探索宇宙，人类寻求的也是自我意识的觉醒。每个人的灵魂都在精神世界栖息，每个人都是宇宙的一部分。空间探索是人类对宇宙的追问，也是人类对自身的不断超越。[①]

（二）带动经济社会发展

我们知道，历史上远洋航海技术的兴起促进了世界贸易的发展、世界市场的开辟和近代科学取得了一系列成就，开始了一个“全球文明”的时代。而航天技术的出现则带动人类经济社会发展进入了“空间文明”的新时代。

首先，广袤太空中丰富的资源可以助力经济发展。2004年，时任美国总统布什在美国国家航空航天局总部发表讲话称：“在新世纪谁能够有效地利用太空资源，谁就能获得额外的财富和安全。”太空资源就是财富，太空资源也关乎国家安全——这已经成为太空时代的共识。目前，人们所认识的太空资源有太阳能资源、小行星上的资源、彗星资源、其他恒星上的资源、月球上的资源、火星上的资源、高低温和大温差资源、辐射资源、失重和微重力资源、高真空资源、轨道资源等。冲出太阳系，在广阔的宇宙中，更有如黑洞、暗物质、散布在宇宙空间的氢等资源。此外，还有一种太空资源已经为地球上的经济发展作出了巨大贡献，这就是对地静止轨道。对地静止轨道位于赤道上方的太空中，在地球静止轨道中，卫星与地球以相似的速率运行，它使人们可以安装一个固定天线，以便同卫星保持联系。现在，利用空间高位可以从事通信、广播、对

---

① 参见汪嘉波：《人类为何仰望星空？》，《光明日报》2010年11月24日。

地观测、定位和导航。

其次，航天技术应用所催生的产业效益巨大。航天科技向经济社会的转移转化，将能满足人们探索太空的更多需求，更好地将技术成果转化为现实生产力和商业效益。据 2022 年 11 月 7 日国务院新闻办公室发布的《携手构建网络空间命运共同体》数据，2020 年 7 月，北斗三号全球卫星导航系统正式开通，向全球提供服务。2021 年，中国卫星导航与位置服务总体产业规模达到 4690 亿元，北斗产业体系基本形成，经济和社会效益显著。业内有分析认为，按照目前北斗系统的产值增加速度，2025 年产业规模有望达万亿元。

最后，航天技术可以提升国家的综合国力和国际威望。航天技术需要依靠先进的技术水平、发达的工业基础和雄厚的经济实力。航天技术的水平与成就是一个国家经济、科学和技术实力的综合反映。邓小平曾经指出："如果六十年代以来中国没有原子弹、氢弹，没有发射卫星，中国就不能叫有重要影响的大国，就没有现在的国际地位。"所以，我国航天员进入太空，也能像 20 世纪六七十年代我国拥有"两弹一星"那样引起全世界注视，提高我国的国际地位，振奋民族精神，增强全民的凝聚力。

（三）事关人类永续生存

地球能容纳的人口是有限的，容纳限度在 80 亿—110 亿。当下，人类处于文明的三岔路口，人口剧增，地球资源慢慢枯竭，生态环境恶化，全球温室效应加剧，这些状况都在催促人类尽快发展空间技术。

实际上，人类实现星际移民的可能性是存在的。但目前来看仍需要克服一系列技术、能源、物质等方面的巨大挑战，现有的科技水平还无法完全解决这些问题。人类需要不断投入时间和资源，不断进行技术研究和探索，才能有望在未来实现星际移民。另外，为了实现星际移民，人类必须克服长期太空旅行过程中人体适应性、环境适应性等问题。在这方面，医学、生物学领域的研究也变得至关重要。此外，还需要解决长时间存储食物、水和氧气等关键资源的问题以及应对在远距离通信和导航方面的技术挑战。实现星际移民不是一个简单的任务，需要几个世纪甚至更长时间的投入和探索。在这个过程中，我们需要考虑一系列技术、生态、社会、心理和道德等方面的问题，同时需要应对一系列关键技术和资源的挑战。例如，人类需要找到一种更为高效和可持续的能源供应方式，以确保长期的航天任务和星际居住。此外，还需要保证行星和天然卫星资源的可持续利用，以及防止资源耗竭和环境破坏等问题的发生。总之，星际移民是一个具有宏大目标和挑战的科学探索工程项目，需要多个领域知识和技术的融合，而在实现这一目标的过程中，我们也需要始终保持谨慎、严谨，注重安全和可持续性，以确保人类探索宇宙的持久和稳健发展。

1970 年，赞比亚修女玛丽·尤肯达给美国国家航空航天局写了一份信，质问：地球上还有很多孩子正在忍受饥饿煎熬，为什么我们要花数十亿美元去探索太空？她的信是写给美国航空航天局的，但给全人类提出了一个灵魂拷问。探索太空的成本相当高，宏伟前景却远得让人绝望，很可能努力到最后仍然找不到新家园，那人类为何还要不停地浪费资源？美国国家航空航天局的回信是：太空探索无法直接帮助人类解决饥荒问题，但这项探索计划孕育出的很多新技术和新方法所能给人类带来的益处将远远超过所付出的成本。这就是人类探索星空的意义所在。

当前，地外空间已成为大国战略竞争制高点，世界航天进入大发展大变革的新阶段，将对人类社会发展产生重大而深远的影响。习近平总书记深刻指出："探索浩瀚宇宙是全人类的共同梦想。"外空是全人类的共同财产，是人类应该共同守护的生存空间。世界各国应该坚持在平等互利、和平利用、包容发展的基础上，深入开展外空领域国际交流合作，把外空建设好、利用好，让外空科技创新成果为更多国家和人民所及、所享、所用，推动航天事业造福全人类。

第十章

基因工程

解锁生命科学的终极密码

生物技术是21世纪的核心技术之一，而建立在分子生物学和遗传学基础之上的基因工程则是生物技术中发展速度最快、创新成果最多、应用前景最广的一门关键技术，它的显著特点是能够跨越生物种属之间不可逾越的鸿沟，打破常规育种难以突破的物种界限，开辟在短时间内改造生物遗传特性的新领域。基因工程自诞生到现在，在医疗健康等领域已经取得了一个又一个成就，为人类健康福祉提供了巨大的帮助，成为解锁生命科学的终极密码。

一、基因工程——一场基因的外科手术

基因工程是发展最快的生物技术，在生物技术中处于核心地位。基因工程具有巨大的应用前景，在生命科学基础研究领域、工农业生产领域以及医药领域都取得了丰硕的应用成果。

（一）基因，你真的了解吗

提起基因，人们很容易联想到DNA，其实它们本质上是一样的。“基因（gene）”是1909年丹麦遗传学家威廉·约翰森提出的，本意为“出生”，后有了“出身、天性、种族”的意思，20世纪20年代由中国遗传学先驱们引入中文。基因就是“基本的因素”，是指携带有遗传信息的DNA序列，是控制生物性状的基本遗传单位。一个DNA分子上有3万多个基因。人类基因组就像一本书，里面只有4个字母，A、T、G、C，自由组合成30亿个字（30亿个碱基）。我们的基因分布在23对染色体上，传承自父母的基因决定着我们的外貌，如单眼皮还是双眼皮，眼睛和头发的颜色，还直接或间接影响我们的行为和生活，如酒量、智商、寿命，是否过敏等。

基因工程又称基因拼接技术和DNA重组技术，是以分子遗传学为理论基础，以分子生物学和微生物学的现代方法为手段，将不同来源的基因按预先设计的蓝图，在体外构建杂种DNA分子，然后导入活细胞，以改变生物原有的遗传特性，获得新品种、生产新产品。通俗地说，就是按照人们的意愿，把一种生物的某种基因提取出来，加以修饰改造，然后放到另一种生物的细胞里，定向地改造生物的遗传性状。

（二）基因操纵如何进行

基因工程是在分子水平上对基因进行操作的复杂技术。基因工程共有四个操作步骤：第一步是提取目的基因，第二步是目的基因与运载体结合，第三部是将目的基因导入受体细胞，第四步是目的基因的检测和鉴定。

第一步，提取目的基因。提取目的基因最常用的就是基因文库法。可以根据基因核苷酸序列、基因的功能，基因在染色体的位置等有关信息，在基因文库中查找我们需要的基因。第二步，基因表达载体的构建。基因表达载体包括启动子——它位于基因的前端，是基因转录的起点；终止子——它位于基因的尾端，是转入的终点。启动子和终止子就像红绿灯控制着转录的进行。另一个不可或缺的东西就是标记基因。它是鉴别受体细胞是否含有目的基因的标识，

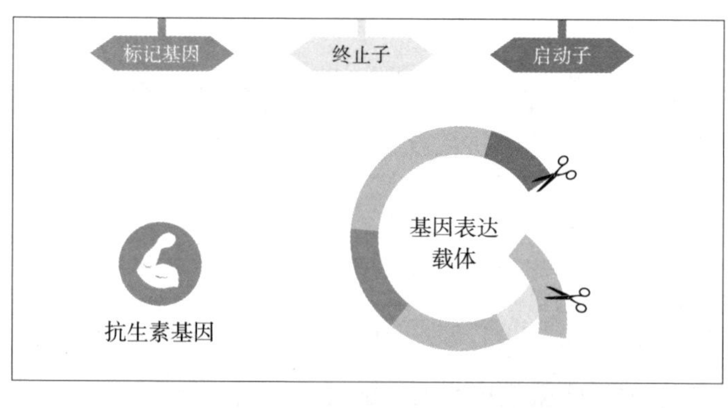

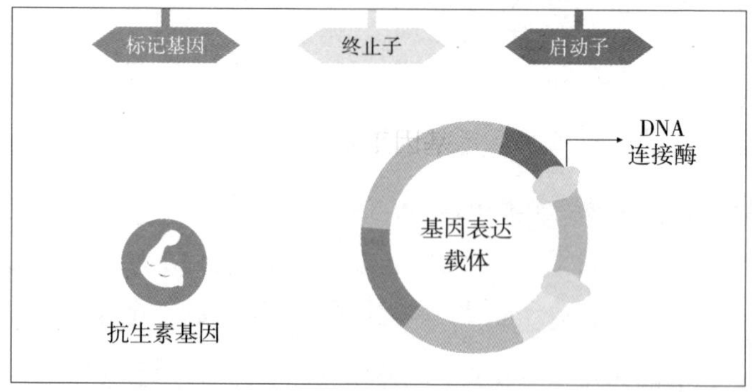

图 10-1　基因表达载体的构建

通常使用抗生素基因。用基因剪刀——限制性内切酶将启动子和终止子之间的部分剪下，插入目的基因，并用一种基因缝合针——DNA 连接酶进行连接。第三步，将基因导入受体细胞。对于植物细胞，常用花粉管通道法，它是在植物传粉受精后，在花粉管未愈合前，利用花粉管将基因导入子房，这是一种十分简便、经济的方法。而对于动物细胞，通常使用显微注射法导入目的基因。基因工程的最后一步是目的基因的检测和鉴定。以导入抗盐基因的玉米为例，将导入过抗盐基因的玉米在盐碱地中正常种植。一段时间后，只有成功导入抗盐基因的植物才能抵御盐碱，存活下来。

（三）基因工程的“辛路历程”

从 20 世纪 40 年代到 20 世纪 70 年代初，微生物遗传学和分子遗传学研究领域理论上的许多重大发现对基因工程的诞生都起到了决定性作用。基因技术的每一次突破和发展对人类的生产生活都有着重要的影响。

基因编辑的先驱阶段（1960 年前）。1944 年，美国细菌学家奥斯瓦德·艾弗里通过肺炎双球菌实验，证明了 DNA 是生物的遗传物质，而基因则藏于其内。奥斯瓦德·艾弗里的工作是现代生物技术革命的开端，也可以说是基因工程的先导。1953，美国生化学家詹姆斯·沃森和英国物理学家弗朗西斯·克里克发现了 DNA 的双螺旋结构，使人类对生命密码的了解成为可能。这是遗传学最重要的里程碑之一，是未来生命科学领域的支柱。1956 年，美国斯坦福大学医学院教授亚瑟·科恩伯格从细菌提取物中分离出 DNA 聚合酶，并首次在试管中成功合成了 DNA。亚瑟·科恩伯格也因这一杰出成就获得了诺贝尔生理学或医学奖。

DNA 得以发现和连接阶段（20 世纪 60 年代）。1966 年，科学家们破译了遗传信息的全部 64 个密码，为基因的可操作性奠定了理论基础。1967 年，DNA 连接酶的发现被认为是分子生物学的一个关键点，因为这对所有生物体的 DNA 修复和复制至关重要。这为 60 年代和 70 年代初的其他拼接实验铺平了道路，催生了重组 DNA。1968 年，瑞士微生物学家沃纳·阿尔伯从大肠杆菌中分离出了两种酶：一种称为“限制酶”，可以识别和切割外来的 DNA；另一种叫作“修饰酶”，可识别宿主的 DNA 并保护其免受切割。

基因工程意外起飞阶段（20 世纪 70 年代）。1972 年，美国分子生物学家汉弥尔顿·史密斯成功地从流感嗜血杆菌的 Rd 菌株中纯化出Ⅱ型限制性酶，进一步了解了限制酶如何“切割”DNA 以及宿主 DNA 如何保护自身，这是当代基因工程疗法和 CRISPR 基因编辑技术的基础。1971 年，美国斯坦福大学教授保罗·伯格从两种病毒中切割 DNA 并进行连接，证明了任何两个 DNA 分子都可以连接在一起。这一成就被认为是基因工程领域的关键一步，为重组 DNA 铺平了道路。保罗·伯格于 1980 年获得了诺贝尔化学奖。同年，丹尼尔·内森斯等三位科学家证明了限制性酶在绘制 DNA 图谱方面的作用。这些关于 DNA 的实验和发现为重组 DNA（rDNA）的产生奠定了坚实的基础。rDNA 本质上是由来自不同生物体的 DNA 组合而成的 DNA。这一发现确立了现代遗传学原理，是未来实验的基础。由于伦理上的危险，美国国家科学院在 1974 年提议暂停所有基因工程实验。在 1975 年召开的会议中，围绕基因实验的许多伦理思想得到了发展和认同，并且在现代基因工程中仍然坚持到现在。美国斯坦福大学教授乔舒亚·莱德伯格强调重组 DNA 技术在治疗疾病方面的潜力，为科学和生物技术迎来了一个黄金时代。

基因工程初步应用阶段（20 世纪 80 年代）。1981 年，第一个转基因动物问世。美国俄亥俄大学托马斯·瓦格纳领导的一个研究小组使用一种现在被称为“DNA 显微注射”的方法，将兔子的基因转移到了小鼠基因组中。1982 年，第一种基因工程人类药物——合成胰岛素面世。作为一家从事生物技术研发 40 多年的公司，基因泰克公司将世界上第一种基因工程药物——人造胰岛素投放市场。在这之前，胰岛素主要来自牛胰岛素和猪胰岛素，且价格相当昂贵（每吨动物胰腺提取的胰岛素不到 5 克）。这被认为是该公司历史上的决定性时刻，也是基因工程药物被批准上市的起点。1983 年，科学家发现通过聚合酶链式反应，DNA 序列可以被复制成千甚至上百万份，大大减少了克隆 DNA 所需的时间，成为后来 DNA 实验中不可或缺的部分。1985 年，锌指核酸酶的发现提高了基因靶向的有效性。研究人员将 DNA 切割酶与锌指核酸酶的 DNA 结合域相结合，形成“基因组剪刀”，可以在指定位置切割 DNA，在 DNA 中产生双链断裂。1986 年，第一个用于人类的重组疫苗获得批准。1988 年，转基因作物第一次真正出现在美国的田地里，这种作物就是玉米。这种玉米被称为“Bt 玉米”，因为它含有来自苏云金芽孢杆菌（Bt）的基因，提高了玉米抵抗害虫的能力。

转基因生物取得较大发展阶段（20 世纪 90 年代）。1993 年，西班牙微生物学家弗朗西斯科·莫伊卡在沼泽地研究细菌时意外发现，细菌中的部分 DNA 片段有规律地重复了很多次，中间有规律的空格。这项发现极大地促进了之后 DNA 的相关研究，也让 CRISPR 基因编辑工具成为当今遗传学研究的前沿。1996 年，“多莉”绵羊出生。作为第一个从成年体细胞克隆出的具有相同遗传特性的哺乳动物，“多莉”绵羊的出生是遗传学的里程碑事件。1990 年，人类基因组计划正式启动，2003 年基本完成，这一巨大成就注定载入人类历史。

从实验走入实用阶段（21 世纪初）。2001 年，一种名为“格列卫”的靶向基因治疗药物获得了美国食品和药物管理局的批准并出售，用以治疗慢性粒细胞白血病，至今仍用于癌症治疗。这是基因治疗史上的一个惊人进展。2004 年，联合国正式批准发展中国家的农民种植生物技术作物，并将此作为解决世界饥饿危机的一种方式。2006 年，在使用基因编辑寻找癌症疗法上取得了突破性进展。加卫苗是第一个进入市场的预防性癌症疫苗。2018 年，它被批准用于 9—45 岁的男性和女性。迄今为止，这种 HPV（人乳头瘤病毒）疫苗仍然是唯一的预防性癌症疫苗。2006 年，美国加州大学旧金山分校率先推出了诱导多能干细胞技术。使用这项技术，可以将干细胞分化为研究人员想要研究的任何特定细胞类型。

基因编辑的新时代阶段（2010 年至今）。2011 年，TALEN 基因编辑工具诞生。与 1985 年发现的锌指核酸酶相比，TALEN 可以在几天内设计和制造完成，且对基因组部位的限制较少，可以轻松地在整个基因组中定位，并且脱靶效应比锌指核酸酶少，对宿主细胞的毒性也更小。2012 年，美国科学家詹妮弗·杜德纳等人的团队阐明了 CRISPR 技术的生化机制和工作原理。通过对 DNA 进行精确的定向切割，CRISPR 在医学、农业、生物材料等领域迎来了无穷的潜力。2013 年，华人科学家张锋展示了 CRISPR 在真核细胞中的效用。他的实验室旨在利用 CRISPR 了解大脑的功能，使用光遗传学，即用光来控制经过基因改造的神经元，以开发治疗大脑疾病的疗法。2015 年，加拿大市场上出售第一条转基因鲑鱼。2017 年，两种 CAR–T 细胞疗法首次获批，一种用于儿童急性淋巴细胞白血病，另一种用于成人晚期淋巴瘤。这是 CAR–T 疗法的一大进步，如果治疗证明如预期的那样有效，则可能会取代化疗成为癌症治疗的主要形式，因为 CAR–T 对人体无毒，并且已经证明可以在短短 10 天内完全消融癌症肿瘤。2018 年，首次 CRISPR 人体试验获得批准，一种用于治疗地中海贫血症的 CRISPR 疗法开始临床试验。2019 年，先导编辑技术出现。与 CRISPR 的不同之处在于它能够在不造成双链断裂的情况下进行定向编辑，且精准性更高，负面影响更小。2020 年夏，CRISPR 临床试验的结果开始慢慢显现。来自美国的维多利亚·格蕾是第一位接受镰状细胞病治疗的病人，随后 10 名接受基因治疗的患者也都取得了重大进展。2020 年 10 月，CRISPR 成为头条新闻，埃玛纽埃尔·卡彭蒂耶和詹妮弗·杜德纳最终因发现 CRISPR 基因编辑工具获得了诺贝尔化学奖。随着 CRISPR 技术的逐渐成熟，基因编辑的适用范围将越来越广。

二、转基因技术——到底是福还是祸

近年来，中央一号文件多次强调要加强农业转基因生物技术研究、安全管理、科普宣传和产业化发展。中央和一些省设立了专项资金，支持转基因产品的研发。目前，我国在水稻、玉米、大豆、棉花、番木瓜等农作物以及畜禽疫苗的转基因技术研发上已经取得了突破性的进展。

（一）什么是转基因

转基因技术是将高产、抗逆、抗病虫、提高营养品质等已知功能性状的基因，通过现代科技手段转入目标生物体中，使受体生物在原有遗传特性基础上增加新的功能特性，获得新的品种，生产新的产品。自然界中同样广泛存在自发的转基因现象，譬如植物界的异花授粉、天然杂交以及农杆菌天然转基因系统等。

转基因技术应用在社会各个领域中，较为常见的包括利用转基因技术改良农作物、生产疫苗、食品等。转基因技术与传统育种技术有两点不同：第一，传统技术一般只能在生物种内个体上实现基因转移，而转基因技术不受生物体间亲缘关系的限制，可打破不同物种间天然杂交的屏障，扩大可利用基因的范围；第二，传统的杂交和选择技术一般是在生物个体水平上进行，操作对象是整个基因组，不可能准确地对某个基因进行操作和选择，对后代的表现预见性较差。而转基因技术所操作和转移的一般是经过明确定义的基因，功能清楚，后代表现可准确预期。

（二）转基因植物和转基因动物

转基因植物是指拥有来自其他物种基因的植物。转基因作物的种类主要有大豆、玉米、棉花和油菜，其性状主要是抗除草剂、抗虫、抗病等几类。转基因植物的研究主要在于改进植物的品质，改变生长周期或花期等提高其经济价值或观赏价值；作为某些蛋白质和次生代谢产物的生物反应器，进行大规模生产；研究基因在植物个体发育中，以及正常生理代谢过程中的功能。

转基因植物有较多的优点，可以增加作物产量，降低生产成本，增强作物抗病虫害的能力，以及提高农产品的耐贮性等。通过基因工程技术，科学家们已经培育了各种性状改良的转基因农作物，如改变花卉颜色得到了蓝玫瑰和蓝菊花等，不容易腐烂的转基因番茄，富含微量元素和维生素的转基因作物如黄金大米等。但是，目前市面上广泛种植的转基因农作物种类比较集中，主要是抗除草剂和抗虫的转基因作物。比如，将抗虫基因转入棉花、水稻或玉米，培育成对棉铃虫、卷叶螟及玉米螟等昆虫具有抗性的转基因棉花、水稻或玉米。还有转基因大豆（具备草甘膦和草铵膦两种除草剂抗性），抗除草剂油菜等。

转基因动物是指基因组中整合有外源基因的动物。其实，科学家并不是随意给动物引入外源基因，而是赋予其特定的用途，使其造福人类。比如，转基因动物在生物领域可以用来研究基因功能；在医疗领域可为研究疾病的发病机理、治疗途径及药物鉴定提供理想模型，也可以借此获得异体移植器官、生产珍贵药用蛋白等；在育种领域可按照人类的意愿改良动物的遗传品质，还可改良家畜生长特性，提高饲料利用率和产量。

2018 年，中国科学家将亨廷顿舞蹈病基因敲入猪模型，为世界首创，也凸显了用更接近人类的大型哺乳动物作为疾病研究模型的必要性。目前，科学家们已经成功建立了小鼠、兔、猪、山羊、绵羊、奶牛等多种转基因动物的生物反应器。多种重要医用蛋白已在大动物乳汁中被生产出来，如美、英等国从转基因山羊获得的抗凝血酶Ⅲ；从转基因绵羊得到的 α–1–抗胰蛋白酶、人凝血因子Ⅳ；从转基因牛获得的 α–乳白蛋白、乳铁蛋白等。生物反应器降低了医用蛋白的生产成本，挽救了很多人的生命。转基因动物已成为农业和医学研究开发的重要领域，有着广泛的应用前景，转基因动物研究蕴含着巨大的价值。

（三）转基因食物（食品）安全吗

关于转基因食品安全的争论持续了几十年，转基因食物（食品）到底是不是安全可靠？下面以两种常见的转基因食物（食品）的合成原理来解释。

我们最常见的转基因农作物大豆中被转入了抗草甘膦基因。草甘膦是一种常用的除草剂，被用于高效清除农田中的杂草。但是，草甘膦是一种非选择性的除草剂，它破坏植物叶绿体或者质体中的 EPSPS 蛋白酶，会把普通大豆植株与杂草一起杀死。科学家发现，EPSPS 蛋白酶也存在于一些微生物中，并且微生物的 EPSPS 蛋白酶不受草甘膦的影响。于是，科学家将这个不受草甘膦影响的微生物EPSPS蛋白酶的基因转入大豆中。这样一来，有了这层保护衣之后，大豆就能健康成长了，农民们就可以放心地通过自动化的农业生产机器来喷洒除草剂。

运用转基因技术，人们实现了高度机械化种植与收割农作物，大豆的生产成本大大降低。现在大家在超市里看到的大豆食用油，如果是用非转基因大豆生产的，肯定要比用转基因大豆生产的大豆食用油价格高，原因正是在这里。转基因大豆只是多了一个微生物EPSPS蛋白酶的基因，口感与其他大豆完全没有差别。

再来看一个转基因动物供人类食用的例子。2015年11月，美国食品药品监督管理局批准了转基因三文鱼上市销售。三文鱼学名鲑鱼，口感佳且有营养价值。但是，无论是野生三文鱼还是人工养殖的三文鱼都生长得很慢，到了冬天更是停止生长，至少要3年以上才能达到上市标准，这就带来了三文鱼价格高、野生群体数量急剧下降等连锁问题。转基因三文鱼的研发初衷正是解决生长慢这个难题。一共有两个基因被转入了大西洋三文鱼中：一种是太平洋奇努克三文鱼的生长激素基因；另一种是大洋鳕鱼的抗冻蛋白基因。转入了这两种基因后，即便在寒冷情况下，转基因三文鱼也能快速生长，只要18个月就能长大，而且个头也比同类非转基因三文鱼要大，饲料也更节省，因而可以更好地满足人们的消费需求。

那么，三文鱼中转入了另一种鱼的生长激素，人们吃了会不会引起激素紊乱呢？其实不会。因为生长激素是要通过皮下注射进入体内才能起到作用，直接口服会被胃肠道吸收分解成氨基酸吸收，失去了效果。除了食用安全性，很多环保界人士担心这些“大家伙”会影响生态平衡。研究者们也早就考虑到了这个问题，目前转基因三文鱼都在封闭的海岛上养殖，鱼苗和育肥期的鱼分别在不同的养殖场。由于鱼苗只能在淡水中存活，一旦它逃出了养殖场营造的淡水环境，周围都是海水，根本无法存活。科学家的另一项防护措施是控制转基因三文鱼为雌性，同时通过水产养殖中常用的多倍体繁育技术，利用热休克让鱼卵都为三倍体，这样万一有鱼外逃，也无法影响其他鱼类。作为第一个被批准的转基因食用动物，转基因三文鱼的整个研制和审查过程经过了 25 年。从这个例子我们可以看到，研发者和审批者从外源基因的选择到解决生态安全隐患方面都进行了谨慎的考量。

了解了转基因食物（食品）的原理之后，你是不是打破了对它的偏见呢？也许你还不够放心，因为网络上曾经有许多关于转基因食物（食品）的负面消息，如转基因食物（食品）含有致癌物质，吃了转基因食物（食品）容易过敏、转基因农作物是跨国企业的阴谋等，一度将转基因食物（食品）“妖魔化”。其实，最先意识到转基因的安全性，并主动呼吁政府和管理部门监管的人恰恰是研发转基因技术的科学家。人们利用转基因农作物生产食品已经有 20 多年了，经过了美国食品药品监督管理局和各国相关机构的严格审查，世界卫生组织以及联合国粮农组织等都认为：凡是通过安全评价上市的转基因食物（食品），与传统食品一样安全，可以放心食用。

我国也是严格实施转基因生物（食品）强制标识的国家。目前，我国转基因生物的标识范围包括 5 种作物的 17 种产品，包括大豆种子、玉米种子、油菜种子、番茄种子和用其加工的油类等。我国实现大规模商业化种植的转基因食物只有木瓜。转基因水稻和玉米也没有进入商业化种植阶段，私自种植是违法的。所以，消费者在超市可以买到转基因大豆油、转基因菜籽油，却不大可能买到转基因大豆和转基因玉米。而平时我们经常食用的甜玉米、花玉米、水果玉米等，都不是转基因作物。小番茄、彩椒等也不是转基因作物。我国拥有世界上最庞大的转基因生物安全监管体系，已建立了一整套适合我国国情并与国际接轨的法律法规、技术规程和管理体系，转基因法律法规体系已日臻完善。国务院建立了由农业、科技、环保、卫生、质检、食药等12个部门组成的农业转基因生物安全管理部际联席会议制度，研究、协调农业转基因生物安全管理工作中的重大问题；农业农村部设立了农业转基因生物安全管理办公室，负责全国农业转基因生物安全的日常管理工作；县级以上农业行政主管部门负责本行政区域转基因安全监督管理工作。无论是从法律法规体系，还是从行政管理机构来说，我国对转基因生物安全的监管都是世界上最严格、最完善、最重视的国家。

长期以来，转基因安全问题一直是人们关注的热点问题。对这一问题理性的关注，推动了转基因产品安全性的提高和这项技术的健康发展。但也应看到，有些人对转基因的态度是非理性的，尤其是对转基因技术和产品未做深入了解，仅凭主观判断就持否定态度，这一认识状况对转基因技术的合理利用形成了很大障碍。谈“转”先别怕，要对转基因安全问题持科学严谨的态度，在技术手段上采取必要的防范措施，转基因技术和产品是可以造福人类的。

三、基因编辑——“上帝的手术刀”

运用基因工程方法给细菌和动物植入它们原本没有的基因，让它们帮我们生产药物，只是对基因进行的模块化操作。科学家的终极梦想是精确地修改基因，就像杂志编辑那样，看到文稿中哪个字写错了，可以随时修改。在21世纪的第二个10年，这种精确编辑基因的技术终于被科学家发现了，这就是CRISPR/Cas基因编辑技术。这项划时代的生物革命技术，已经成为全人类关注的话题。

（一）什么是基因编辑

基因编辑，又称基因组编辑或基因组工程，是一种新兴的比较精准的能对生物体基因组特定目标基因进行修饰的基因工程技术。简单来说，就是对基因组里的A、T、C、G碱基进行准确的删除、修改和添加。基因编辑技术可以定点、准确地到一个特定的位置，切开某个DNA链；它还可以是一个镊子，可以精确地把一个单一的字母从A换成G，或者别的；它也是一个橡皮，到具体的一个位置把某个基因擦掉。基因编辑的本质是人为地干预自然选择，留下那些对人类有用的突变，而抛弃那些不合人类利益的基因。新一代基因编辑技术包括锌指核酶基因敲除技术、TALEN基因编辑技术和CRISPR基因编辑技术。

目前发现的最先进的基因编辑机制之一就是CRISPR。CRISPR的发音和另一个英文单词“crisper”（冰箱里的冷藏保鲜盒）一样，发音清脆，鲜活水灵。而它的全称“成簇规律间隔短回文重复序列”是不是听起来就很厉害？其实，CRISPER 在某些细菌的免疫系统中天然存在，是细菌中的一种特殊序列。当细菌们遇到病毒入侵时，它们的体内会被注入病毒的 DNA，这对细菌来说是致命的。因此，一旦被入侵，细菌就会想尽办法消灭敌人。它们像电影里的特工一样，快速地在自己的数据库中识别出“通缉犯”，也就是病毒的 DNA，并把这个“通缉犯”的信息同步到一个导航系统里，同时，细菌还会派出一位“杀手”，也就是 CAS9 蛋白质，让它在第一时间带着导航系统去抓捕“通缉犯”，并把“通缉犯”无情地一刀剪断。这样，细菌的命就保住了。这就是 CRISPER 在自然界的工作原理。因此，我们可以想象基因编辑技术不可或缺的三个工具：“GPS 定位器”，用于找到需要改变也就是出了问题的序列；基因“剪刀”，找到问题序列后把基因剪开或改变；基因“针线”，把修改后的基因再连接成完整序列。那么，这些厉害的工具，是从哪里来的呢？答案很简单，它们本身就是生物体中已有的分子。人类发现了细菌里这个特别系统后，转手就

图 10-2　基因编辑　　图片来源：千图网

对它进行了改造，让它成为识别人类自己基因的序列，并且能对其进行编辑的工具。我们的基因编辑工具——“GPS定位器”“剪刀”“针线”全部来自大自然，所以被称为“上帝的手术刀”。

研究人员发现，通过CRISPR这把基因“剪刀”，科学家们不仅可以对基因进行人为的剪切或修改，而且还可以极其精准地改造任意一段基因。比如，一只黑色小老鼠，只要对它7号染色体上的一个特定基因做一点小小的改变，本来是黑色的小老鼠，就会长出白色的毛来。通过改造一种蚊子的基因，也可以有效抑制疟疾的传播。它似乎是一种精确的万能基因武器，可以用来删除、添加、激活或抑制其他生物体的目标基因，这些目标基因包括人、老鼠、斑马鱼、细菌、果蝇、酵母、线虫和农作物细胞内的基因，这也意味着基因编辑器是一种可以广泛使用的生物技术。

（二）基因编辑能干什么

我们现在拥有了可以改变这个世界上几乎所有生命的基因编辑的技术，那么可以想象，跟生命有关的东西，它都可以触及。比如，改造微生物去提高发酵工业，改造植物提高农业生产效率，改造畜牧业提高产量，帮助医药开发和科学研究，还可以编辑人的细胞进行疾病治疗。

基因编辑能做什么？首先是能够对基因进行准确敲除。你想不用去健身房、吃蛋白粉，天生就拥有浑身肌肉吗？只要删除一个基因就行，这个基因叫肌肉生长抑制素。全球首例基因敲除犬“大力神”和“天狗”被敲除了肌肉生长抑制素基因后，它们的肌肉生长发育能力增强，4 个月时就比普通狗的肌肉更为发达，成年后具有更强的运动能力。因为肌肉消耗的能量比脂肪更多，所以“大力神”和“天狗”的食量也比其他狗更大，目前它们的身体机能一切正常。再如美国科学家利用 CRISPR/Cas 基因编辑技术删除了蘑菇中的一段氧化酶的基因，这样蘑菇在超市货架上就不容易氧化变黑了。

基因编辑的一个更重要的应用是对会导致疾病的基因突变进行修改。遗传病、癌症等疾病的发生，很大程度是由于基因序列中 ATCG 的排列出了问题，导致了基因功能的异常，需要基因编辑技术来矫正。有一种先天性心脏病——扩张型心肌病就是由基因突变引起的。对于父母来说，不让基因突变传给下一代是他们最大的愿望。2017 年，美国科学家与韩国科学家合作，第一次在人类的受精卵里用 CRISPR/Cas 基因编辑技术修复了一个会导致先天性心脏病的基因突变。这个手术堪称完美，科学家们准确地修改了一个碱基的基因点突变，而且没有引起其他副作用。

按照基因编辑的定义，除了基因删除和修改，应该还能添加，这就是基因驱动。基因驱动是把生物本来没有的基因加入其基因组，人为驱动生物的进化。基因驱动的提出就是为了疾病的控制，特别是疟疾。比如，冈比亚按蚊是非洲传播疟疾的罪魁祸首，那里出现了大量由蚊虫导致的致死病例。尽管科学家在很早以前就尝试用转基因蚊子（可导致与其交配雌蚊产下的幼虫早亡）来减少携带病毒的蚊虫数量，但是依靠自然繁殖，效率还是不高。现在，科学家可以在蚊子的基因组里装上 CRISPR/Cas 系统，将抗疟原虫基因迅速扩散到整个蚊子种群中，这种过程就被称作基因驱动。2021 年，英国研究人员已经对传播疟疾的冈比亚按蚊进行了基因改造，通过改变冈比亚按蚊的肠道基因，使它们将抗疟基因传播给下一代。初步试验证明，这种基因改造的方法可以创造成功的基因驱动力，或许可作为一种遏制疟疾的颇具前景的方法。

（三）基因编辑的伦理问题

基因编辑技术打破了传统、天然、缓慢的遗传、变异和进化过程，在给人类生产生活带来益处的同时，也会引发技术安全和伦理争议。

一是技术本身可能引发的安全问题，首先是其脱靶效应（在基因编辑中，需要引导序列把要编辑的位置找出来，如果找错了就是脱靶）。CRISPR 技术发明人之一张锋团队近期研究表明，个体之间的基因差异可能会削弱基因编辑的有效性，在某些情况下甚至会导致十分严重的脱靶效应。此外，基因编辑用于疾病治疗大多利用病毒作为运输载体，这些载体本身对细胞的毒副作用及对人体其他细胞的影响也引起了人们的关注。

二是人类胚胎基因编辑面临较大伦理争议。目前科学界逐渐达成共识，认为应允许开展相关基础研究，但涉及遗传性临床应用时，应当保持谨慎态度。只有在缺乏其他合理选择、具备可靠的临床前数据以及受到持续、严格的监督认证的前提下才可应用。

三是对生态系统的影响。基于基因编辑的基因驱动方法能迅速将被编辑基因在整个种群中传播，可用于消灭携带疾病的蚊子、虱子或蜱虫，以及清除入侵植物。但采取这种方法改变整个种群或将其全部清除，可能会对生态系统造成深远的未知影响，造成意外的环境代价。与此同时，修改过的基因是否会迁移到其他生物中，从而像外来物种入侵那样造成生态灾难，也是需要研究评估的问题。我们一定要针对特定的应用、特定的适应症去作科学的判断。

四、基因工程带来生物科技革命

医学与现代信息技术、生物材料技术等的深度交叉融合极大地促进了医学科技发展，以人工智能、生物大数据、基因组学技术、合成生物技术、基因编辑、肿瘤免疫治疗等为核心的技术突破，推动了以生命科学为支撑的医学科技发生深刻变革。众多学者认为，继 DNA 双螺旋发现和人类基因组测序计划之后，以基因组设计合成为标志的合成生物学有望掀起第三次生物技术革命。

（一）基因工程的应用

运用基因工程技术，不但可以培养优质、高产、抗性好的农作物及畜、禽新品种，还可以培养出具有特殊用途的动、植物，如生长快、耐不良环境、肉质好的转基因鱼，乳汁中含有人生长激素的转基因牛，转黄瓜抗青枯病基因的甜椒，转鱼抗寒基因的番茄，转黄瓜抗青枯病基因的马铃薯，不会引起过敏的转基因大豆等。除了在农业中发挥了巨大作用，基因工程也广泛应用于工业、医学、环保等领域。

当前，还有许多地方的水质和土壤受重金属污染严重，利用基因工程技术可以有效治理重金属污染的废水。例如，通过转基因技术，让细菌高效表达金属结合蛋白或金属结合肽的基因可使菌体结合重金属的能力提高数倍到数十倍。基因工程做成的“超级细菌”能吞食和分解多种污染环境的物质（通常一种细菌只能分解石油中的一种烃类，用基因工程培育成功的“超级细菌”却能分解石油中的多种烃类化合物。有的还能吞食转化汞、镉等重金属，分解 DDT 等毒害物质）。基因工程做成的 DNA 探针能够十分灵敏地检测环境中的病毒、细菌等污染。利用基因工程培育的指示生物能十分灵敏地反映环境污染的情况，却不易因环境污染而大量死亡，甚至还可以吸收和转化污染物。

而基因工程在医学中带来的革命或许是最受人们关注的。1982 年，美国上市了世界上第一个基因工程药物——重组人胰岛素。这以后，基因工程药物成为世界各国政府和企业投资研究开发的热点领域。基因工程药品有基因工程胰岛素，基因工程干扰素等。胰岛素是治疗糖尿病的特效药，长期以来只能依靠从猪、牛等动物的胰腺中提取，每吨动物胰腺提取的胰岛素不到 5 克，其产量之低和价格之高可想而知。将合成的胰岛素基因导入大肠杆菌，每 2000 升培养液就能产生 100 克胰岛素。大规模工业化生产不但解决了这种比黄金还贵的药品产量问题，还使其价格降低了 30%—50%。干扰素治疗病毒感染简直是“万能灵药”。干扰素过去是从人血中提取的，300 升人血才能提取 1 毫克干扰素。其“珍贵”程度自不用多说。基因工程人干扰素 α-2b（安达芬）是中国第一个全国产化基因工程人干扰素 α-2b，广泛用于病毒性疾病治疗和多种肿瘤的治疗，是当前国际公认的病毒性疾病治疗的首选药物和肿瘤生物治疗的主要药物。还有其他基因工程药物如人造血液、白细胞介素、乙肝疫苗等，通过基因工程实现工业化生产，均为解除人类的病痛，提高人类的健康水平发挥了重大的作用。

基因工程技术除了可用于生产预防、治疗疾病的疫苗和药品之外，在疾病的基因诊断与基因治疗方面也正发挥着日益重要的作用。基因诊断是利用重组 DNA 技术作为工具，直接从 DNA 水平确定病变基因及其定位，因而比传统的诊断手段更加可靠。基因治疗是指通过一定的方式，将正常功能基因或有治疗作用的 DNA 序列导入人体靶细胞纠正基因突变或表达失误产生的基因功能缺陷，从而达到治疗或缓和人类遗传性疾病的目的。从 1970 年对基因治疗的初期探索，到现在基因治疗的临床研究蓬勃发展，基因治疗本身也再不局限于各种遗传性疾病的治疗，现已扩展到肿瘤、艾滋病、心血管疾病、神经系统疾病、自身免疫疾病和内分泌疾病等的治疗。相对于传统的肿瘤治疗，如放疗、化疗、靶向药物等，肿瘤基因治疗具有服用方便、治疗时间少的特点，更有机会提高患者的生活质量。根据世界经济论坛的报告，截至 2022 年中，全球有 2000 多种基因疗法正在开发中，从早期研究到后期临床测试，比 2019 年增加了一倍。目前，美欧前十大药企中的 90% 都已部署基因治疗药物的研发。到 2030 年，将有 60 多种基因疗法获批。这些数据的背后，反映了基因治疗在安全性与技术性方面的革新与进步。

既然基因治疗给人类带来了福音，那为什么每年还有那么多人死于各种疾病呢？目前，基因治疗还存在一些问题，如安全问题、治疗费用问题等。自基因治疗诞生以来，基因随机整合和免疫原性带来的安全问题，一直备受关注和争议。还有基因治疗的产业化问题。基因治疗属于个性化治疗，对于制定大规模的标准化生产流程比较困难，这势必导致基因治疗产品费用过高，如2012年欧洲药品管理局批准上市的Glybera，市场定价为100万美元。而针对基因治疗所集中病种，尤其是单基因遗传病等病种均属于罕见病，患者数量少。而针对肿瘤、心血管疾病的治疗等，其疗效较传统治疗尚缺乏明显优势。数量有限的患者不愿意尝试新型的基因治疗策略，无力支付巨额治疗费用，等等。缺乏市场的内驱力也阻碍了基因治疗的发展。如何实现规范化的生产流程，改进生产工艺，降低成本，是基因治疗得以实现产业化的关键。

（二）基因工程的最新进展

美国科学家在美国化学学会2022年春季会议上提交的论文称，他们培育出了一种能生成骨激素从而促进骨骼生长的转基因莴苣，如果宇航员在太空培育出并食用这种莴苣，对他们在执行长期任务期间保持健康大有裨益。未来，宇航员们或许可以在太空培育这一转基因莴苣，以应对骨质疏松症。①

随着全球气候变暖趋势加剧，高温胁迫成为制约世界粮食生产的最主要因素之一。据报道，平均气温每升高1℃，会造成水稻、小麦、玉米等粮食作物3%—8%的减产。2022年6月，我国科学家

① 参见《转基因莴苣或助宇航员维持健康》，央广网2022年3月25日。

在近 10 年的研究后，揭示了水稻抗高温基因，借助分子生物技术将研究发掘的抗高温新基因 TT3.1/TT3.2 应用于水稻、小麦、玉米、大豆以及蔬菜等作物的抗高温育种改良中，对于有效应对全球气候变暖引发的粮食安全问题具有重要意义。

2022 年 12 月,《科学》期刊子刊报道，在一项新的临床研究中，英国大奥蒙德街儿童医院和伦敦大学的研究人员利用 CRISPR/Cas 基因编辑技术对供者 T 细胞进行基因改造，试图治疗患有耐药性白血病的重症儿童。这项 I 期临床试验是首次在人类身上使用“通用的”经过 CRISPR 基因编辑的 T 细胞，代表着在使用基因编辑细胞治疗癌症方面迈出了重要一步。

2022 年 12 月 14 日，由美国医疗公司 Revivicor 研发的基因编辑猪“GalSafe 猪”获得美国食品与药物管理局的批准，既可食用也可用来生产医疗产品。科学家通过基因工程手段，敲除了在猪细胞表面添加 α－半乳糖的蛋白酶，那些对肉类过敏的普通人群因此可以放心安全地食用这种基因编辑猪。此外，“GalSafe 猪”还可以用来生产类似于肝素的药物，它的组织和器官还可能潜在地解决患者接受异种器官移植后的免疫排斥问题。

基因工程技术日新月异，伴随着这项技术的持续优化和进步，其应用场景也会持续拓宽。

（三）基因工程与人类未来

2015 年，科学家在实验室里使用 CRISPR 试图切断艾滋病患者活细胞中的 HIV 病毒（人体免疫缺陷病毒，又称艾滋病病毒），这个实验证明了艾滋病在未来是可以被治愈的。还有疱疹这些躲在人类 DNA 里面的病毒，也可以用这种方式消除。科学家们发现超过 3000 个遗传性疾病发生原因在于 DNA 的一个错误指令，而现在已经建立一个修改版本的 Cas9，将用于改变遗传 DNA 编码，治疗人体的细胞质疾病。

在未来，我们能期待的基因科学方面的进步至少有两个：第一，运用基因组数据进行疾病的预测和诊断。科学家预计未来将有更多的研究成果出炉；第二，运用基因疗法治疗更多的疾病。基因疗法经过了数十年的发展，技术日臻成熟，在世界各国捷报频传。

基因可以让我们更加完美，但是基因技术是否会被垄断为某些人的专利，从而让一些人强大，一些人永远弱小，有些人永远完美，有些人永远带有缺陷。而那些不想使用基因技术，想要自然发展的人会不会受到歧视，或者使用了基因技术的人会因为怪异而受到歧视，这些也是值得我们思考的。我们在进步的同时以及当选择越来越多时，需要谨慎和尊重每个人的选择。

既然前面的问题都是存在的，那我们如何应对？历史的经验告诉我们，人类对自身和对世界的认识与改造也许会停滞，但似乎从未被逆转。基因工程的基本概念已经存在，而且这项技术确实让人类受益匪浅。在这个很可能被载入史册的关口，与其试图用道德观念和伦理批判延缓新技术的发展脚步，我们还不如用更开放的心态拥抱它，用最严格的监管管控它，让新技术在自身进化成熟之后，帮助人类更好地认识和完善自己。基因工程技术必将在基因功能的广大研究领域继续发挥强大的作用，让我们拭目以待。

第十一章

融媒体

新技术带来的媒体转型

伴随着大数据、人工智能技术的迅猛发展，新兴媒体迅速成为我们的第一大信息来源，也倒逼传统媒体进行转型升级，传播界逐渐形成新兴媒体和传统媒体竞相争艳的全媒体发展格局。全媒体的不断发展，出现了全程媒体、全息媒体、全员媒体、全效媒体，信息无处不在、无所不及、无人不用，导致舆论生态、媒体格局、传播方式发生深刻变化，新闻舆论工作面临新的挑战。如何在这场前所未有的大变革中脱颖而出，是所有媒体共同面临的重大课题，而推动媒体融合发展、建设全媒体矩阵成为当务之急。

一、技术与媒介的联姻

融媒体，重点在“融”，即实现传统媒体和新媒体在人力、内容和传播等方面的全面融合，从而使信息传播品质、效率及传媒经营模式的社会价值得到全面提升。应当如何推动融媒体建设？实际上，媒体融合与媒介融合的趋势密切相关。媒介是传递信息的介质，媒体其实是媒介的载体，所以媒体融合首先要做到传播媒介的融合，而媒介的更新迭代则有赖于人类社会科学技术的发展。

（一）印刷技术与新闻传播

相较于手写撰稿的方式，印刷技术的发明使文本可以被批量生产，不仅提高了信息传播的数量和效率，还打破了口口相传的桎梏，扩大了信息的辐射范围，所以印刷技术开启了人类的大众传媒时代，新闻业也由此而诞生了。

11 世纪，北宋工匠毕昇在雕版印刷术的基础上发明了活字印刷术，即对可以移动的木刻字或胶泥字块进行排列，然后再进行印刷，而且这些字块可以重复利用，大大降低了印刷成本的同时也提高了印刷效率。然而，由于在封建社会，人们对活字印刷术普遍持有保守怀疑的态度，再加上早期的印刷技术基本掌握在统治者手中，所以活字印刷术在中国并没有得到大范围的推广和应用，只是用于印刷经书、诗集以及官府公报等。尽管民间出现了一些小报，但因印制粗糙，所以并未得到大规模流行。

报纸的真正出现有赖于机器印刷技术的产生。毕昇的活字印刷术虽然没能在中国得到发展，传到海外后反而在欧洲结了果。400 多年后的德国发明家约翰·古登堡在活字印刷术的基础上发明了金属活字，并将机械生产与印刷技术相结合创造出早期印刷机，大幅度提高了印刷效率和印刷品的传播速度。后人又对古登堡的印刷机不断加以改进，使印刷机也逐渐由手动、畜力驱动、蒸汽引擎升级为电力驱动。伴随着机器印刷的实现，1615 年，世界上第一份真正的报纸《法兰克福新闻》在德国诞生，开启了近代报纸的时代。200 年后，铅字印刷术传入中国，中国近代报刊开始大量兴起。而且这一时期国际形势十分动荡，人们对瞬息万变的社会信息的需求也助推了近代报业的发展。

印刷技术的产生与进步催生了报纸等印刷媒介，但因其传送时效低的劣势，印刷媒介逐渐无法满足快速发展的社会对即时性信息的需求，加之阅读书报则要求读者具备一定的文化程度，无形中对信息接收者设立了门槛。这再次刺激了媒介技术开始朝着更为高效、包容的方向发展。

（二）视听技术与新闻传播

如果说印刷技术创造了印刷媒介，实现了文字信息的大量生产和复制，那么视听技术所创造的电子媒介最大的贡献就是实现了信息的远距离快速传输。自电磁技术的应用逐渐延伸到新闻传播领域以后，信息的同步传播成为现实，电子媒介的诞生结束了印刷媒介的长期统治。

广播是第一个以电磁为媒介的大众传媒，在詹姆斯·麦克斯韦、海因里希·赫兹和伽利尔摩·马可尼三位科学家对电磁技术的钻研下，人类成功地用无线电波越过万水千山的阻隔，用声音将信息传递四方。1906 年 12 月 24 日晚上 8 时，美国匹兹堡大学的教授雷金纳德·费森登通过 128 米高的无线电塔进行了一次广播，马萨诸塞州的人们从这次的广播节目里听到了小提琴演奏曲、德国音乐家乔治·弗里德里希·亨德尔的唱片以及圣经中的圣诞故事，这是人类历史上第一次通过无线电直接广播声音，它标志着新的传播媒介——无线电广播诞生了。无线电广播的诞生使信息的同步传播成为现实，广播迅速成为大众获取新闻和各种信息的重要媒体。

然而，对于广播来说，无论播音员采用怎样的方式“说”，广播媒介传递的新闻都无法像印刷媒介一样做到“图文并茂”的生动形象，从这个角度来看，广播的传播形式比较单一。而这种对更生动、更直观的新闻表现形式的需求则为电影、电视等视频媒介的产生做了铺垫。

相较于文字、图片和音频，视频承载的信息量更大、视觉冲击力更强，往往观看一次就能产生较深刻的印象。随着摄影技术研究的不断突破，电影、电视相继产生，给信息增添了图像色彩，强化了新闻传播的感染力。随着美国发明家乔治·伊斯曼研制出了透明光感胶片，人类记录动态图景的梦想成为现实，电影放映机得以被成功制造出来。作为电影的“延伸”，电视是在电影技术的基础上发展起来的新媒介，它与电影最大的不同就是电视需要将画面传递给更远处的受众。1925 年，英国发明家约翰·贝尔德进行了世界上首次电视广播试验，证实了电视广播的可能性。1936 年 11 月 2 日，BBC（英国广播公司）采用贝尔德机电式电视技术在伦敦郊外的亚历山大宫设立了世界上第一家电视台，播出了一场颇具规模的歌舞节目，人类从此进入了电视时代。

伴随着广播、电影、电视技术日益走向成熟，观众可以身临其境地听到和看到新闻事件的现场报道，而不再是只能通过印刷媒介来获取信息。自此，通过视听技术的发展，新闻媒介形成了文、图、音视频“三足鼎立”之势，新闻传播也从此进入了电磁传播时代。

（三）信息技术与新闻传播

1946年2月14日，随着世界上第一台电子计算机“埃尼阿克”在美国问世，人类由此进入了计算机时代。信息技术的大发展使数字化浪潮几乎席卷了人类活动的所有领域。数字媒介就是信息技术与新闻传播相结合的产物，它是依托计算机、互联网及通信技术，通过数字化过程将文字、图片、声音、视频等转化为由二进制代码“0”“1”所表示的信息，并以同样的方式对这些信息进行生产、加工、存储、传播，从而实现传播者与受众互动的媒介的总和。数字媒介最大的特点就是极大地简化了信息传递的流程，所以一经推广便得到了绝大多数用户的欢迎。

信息技术进入传播领域后，新闻采编计算机化便成了新闻业务发展的迫切需求。长期以来，作为报纸出版流程中最重要组成部分的新闻采编工作一直是靠手工操作的，费时费力的同时也容易出错，于是从20世纪90年代开始，报社开始进行办公、写稿无纸化的尝试。1990年，局域网和光盘储存系统在科技日报社首次投入使用。在此之后，一些报社也开始为本社记者和编辑置办了个人计算机，培训他们利用计算机撰写和储存新闻稿，用光盘传递信息。后来，随着局域网的推广，人们可以用计算机代替光盘进行稿件的传递。使用计算机编辑文稿也彻底改变了记者、编辑数十年以来的工作方式和写作习惯。

由此可见，新旧媒体之间并非水火不容，新媒体的诞生也给传统媒体带来了机遇，二者在发展中实现了优势互补、互相促进。而数字媒介的出现不仅大幅提升了新闻传播的范围和效率，也为后来互联网传播打下了坚实的基础。

（四）智能技术与新闻传播

如果说互联网发展“上半场”的发力点在于搭建人与人、人与信息、人与物之间的连接桥梁，那么到了互联网发展“下半场”，其着力点就在于实现人与场景的链接。与历史上依次出现的印刷、视听、信息技术促成的媒介变革一样，近年来由云计算、大数据、人工智能等融合而成的智能技术集群正在驱动新一轮媒介变革，智能媒介由此而产生。智能媒介是数字媒介的演化与提升，是具有数据驱动、自治运行、算法推荐、按需服务、深度融合、沉浸体验等特征的新一代信息传播渠道和技术工具。如果把印刷媒介、电子媒介、数字媒介看作人类眼睛、耳朵和双腿的延伸，模拟了人的感觉，那么智能媒介则是人类大脑的延伸，模拟的是人类思考的过程。这意味着人类实现了有一台能像人一样思考的机器、把人从烦琐重复的日常事务中解放出来的梦想。

智能技术一经推广，智能媒体的建设便被全球新闻业界提上了日程，中国当然不会缺席。2017 年 12 月 26 日，新华社正式上线了由中国自主研发的第一个媒体人工智能平台——“媒体大脑”1.0，并发布了由“媒体大脑”制作的首条视频新闻。这条视频看起来与平时所观看的视频大同小异，总时长也只有短短的 2 分多钟，但令人震惊的是“媒体大脑”制作这条视频新闻仅花了 10 秒！可谓传播史上的一大突破，大幅提升了新闻生产的效率。除此之外，新华社的写稿机器人“快笔小新”也是通过智能技术实现新闻传播，具体而言就是通过大数据技术实时采集、处理数据，然后再根据业务需求定制相应的算法模型，对所采集的数据进行分析，最后，根据计算和分析结果就可以生成一份标准的稿件。

图 11-1　新华社发布的“快笔小新”界面　　图片来源：新华社

无论是“媒体大脑”还是“快笔小新”，都是智能技术和新闻不断融合发展的产物，而智能媒介的出现在传播史上第一次实现了生产环节中对人的代替，大大提高了新闻制作和传播的效率，人工智能代替人类完成一些辅助性工作已然成为趋势，未来新闻信息的生产加工和传播必将随着智能技术的发展而取得更大进展。

在人类协作劳动中形成和创新的科学技术是助推新闻媒介更新迭代的主要动力，而人们不断增长的信息需求和对信息传播效率的追求是媒介发展的根本动因。此外，过去报刊、广播、电视等几种传统媒体无论在形式和运作上都是泾渭分明的，但随着现代传播技术的广泛应用与发展，各种媒介之间的壁垒已经被打破，逐渐形成了互相联系、互相渗透的局面，融媒体时代悄然到来。

二、“颠覆”时代的融媒体

在科学技术和社会需求共同助推下，媒体融合的深入发展不断取得新突破。从传统媒体到超越传统媒体，从媒体单向传播到用户也参与到新闻生产与传播环节中，对国家政治安全的影响也在与日俱增。因此，融媒体的出现与发展是“颠覆”时代的。

（一）默多克的传媒帝国

默多克，世界报业大亨，也是当今世界上规模最大、国际化程度最高的综合性传媒公司新闻集团的创始人。默多克的新闻集团旗下涉足的产业极为广泛，包括《华尔街日报》、《泰晤士报》、星空传媒、福克斯公司在内的诸多世界一流媒体都在其麾下。然而70多年前，22岁的默多克还只是一个濒临破产的家族小报继承人，到现在，他已成为全球最大的传媒帝国掌门人，默多克的经营传奇也堪称是一部融媒体的发展简史。

默多克和他的传媒帝国算得上是促进媒体融合的“急先锋”。默多克大力拓展新闻集团的业务范围，使新闻集团的业务范围立足报纸、超越报纸。在20世纪80年代以前，虽然默多克新闻集团的业务重心仍在报纸和杂志上，但嗅觉灵敏的默多克注意到了电子媒介的发展潜力，他认为新闻集团是大众化新闻及娱乐产品的创造者和经营者，要取得成功就必须依靠电视。20 世纪 80 年代以后，默多克开始把集团重心转向电影电视领域，果断投身于英国的卫星电视开发，同时进军美国的电视与电影行业，重金收购了美国的大都会媒体公司和岌岌可危的福克斯公司，并创建了美国第四大电视网——福克斯电视网。福克斯公司被并购后出品了大量像《泰坦尼克号》《阿凡达》等风靡全球的影片，拥抱电子媒介让默多克赚得盆满钵满。所以，当互联网时代来袭时，默多克再一次投身于这个 21 世纪的朝阳产业。2021 年，新闻集团与谷歌公司就有偿提供新闻服务达成了为期三年的全球伙伴协议，新闻集团旗下的多家媒体加入谷歌“新闻展示”产品中，协议还包括在谷歌上单独开发一个订阅平台，来使新闻集团通过谷歌旗下的社交平台发展音频新闻、投资视频新闻。①

默多克还力争让新闻集团成为不同形式媒体交流的平台，将信息以多种媒体形式组合的形式呈现给受众。当通过媒介兼并建立了初具规模的新闻集团之后，默多克开始对新闻从生产到传播的各环节进行整合，弥补了传统媒体和新媒体各自的先天不足，各种经营不善的传统媒体都能在他手中起死回生。默多克的常用操作就是先控制当地的几家影片公司，再收购当地的广播、电视台等大众媒体，然后让这些已被收购的广播、电视台播放由新闻集团所制作的

① 参见刘亚南：《新闻集团宣布与谷歌就新闻使用达成协议》，新华社 2021 年 2 月 19 日。

电影、电视剧等，以此为新闻集团的影视作品找到播放渠道，最后再由所控股的新闻网站进行宣传，从而实现了从生产到传播再到宣传的全过程一体化经营。这样不仅更准确把握市场需求，同时还节约了新闻集团打入当地市场的交易成本。而且默多克经常统一调配新闻集团各个子公司所拥有的精彩内容，将优秀稿件“供应”世界各地的子公司以供传播。

现如今，默多克也依旧保持对新兴媒体的涉猎和对融媒体建设的追求，这也是支撑新闻集团多年来经久不衰的秘诀所在。在默多克的推动下，融媒体建设开始出现了组织结构性融合的特征。不同于以往只是对新闻传播方式进行的简单融合，组织结构性融合指的是一家传媒公司或一个传媒集团同时拥有报纸、电视、网络等媒体形式，强调各平台之间协同运作，实现新闻资源的共享、开发与整合，从而让各个媒体之间能在统一的目标下最大限度地发挥自身优势，使传媒公司或传媒集团以最小的运营成本达到最大的传播效果。出现组织结构性融合的原因正是在于媒介融合带来了传媒产业价值链和产业链的延伸和重构，传媒产业由此实现了从“媒介融合”向“产业融合”的升级。

（二）BBC 的用户生产内容集成中心

BBC 成立于 1992 年，堪称世界上最大的新闻媒体集团。从 1936 年成为世界上第一个提供电视服务的媒体开始，BBC 就一直走在媒体融合的前列，并以自己的创新方式推动了全球媒体融合的进程。

为丰富信息来源和新闻视角，提高用户的黏性，BBC 实施跨平台监测采集信息。在信息化时代，许多突发新闻的内容与视频会被目击者发布在社交媒体平台上。于是 BBC 一直在各类平台上呼吁观众向其提供新闻线索，以期激起观众的分享欲。同时，BBC 还雇用了一批团队，专门在 YouTube、Twitter（推特）、Facebook 以及中国的新浪微博、豆瓣等社交媒体上搜寻实时信息，掌握第一手动态。然而，这两种采集方式效率都比较低，采集到的信息也不能保质保量，所以 BBC 又在其官网、iPlayer 以及大多数社交媒体上设立了“Have Your Say”论坛和“发布平台”，以此方便用户向 BBC 提供和新闻报道相关的现场内容。

为集中处理用户所提供的消息与线索，BBC 设立了专门部门管理用户生成内容。2005 年，BBC 就已经成立了用户生产内容集成中心，该部门的主要职责就是采集和查证用户生成的信息，然后将其提供给 BBC 旗下的传播平台使用。用户生产内容集成中心一经成立，便迅速在“伦敦地铁爆炸案”的报道中通过整理目击者的账户等方式获取了第一现场资料，并先于其他媒体给出了最真实的报道，自此用户生产内容集成中心一战成名，BBC 也在融媒体实践中走在了业界的前列。随后，用户生产内容集成中心下还建立了新闻线索人数据库，每当有新闻事件发生时，BBC 记者就会从数据库中筛选适合的被采访者进行采访，或是通过官方论坛主动向受众寻求新闻内容。如今，BBC 这一套“受众参与新闻报道生产”的模式已经日趋完整，用户不再只是 BBC 的“第三方素材来源”，而是 BBC 新闻生产的重要“合作伙伴”。现在，BBC 每天的新闻选题策划、采集和报道过程由 BBC 的机构和用户参与内容共同完成，已然形成了分工合作的局面。

在 BBC 对融媒体建设的创新下，媒体深度融合下的新闻传播方式开始呈现交互化，用户角色发生了转变。单纯的事件报道已经不能吸引受众的注意力，各个新闻媒体便希望通过打造有深度、有特色的新闻内容提高自己的竞争力。与此同时，受众对参与到新闻内容生产中的欲望也变得强烈。因此，越来越多的媒体开始利用门户网站、客户端或社交媒体等渠道鼓励和吸引受众为自己提供新闻素材或发表观点，这使受众在传播链条中同时拥有双重身份，既是一个信息的被动接受者，也是新信息的积极创造者。这不但让用户的参与感急剧上升、获得全新体验，更重要的是，这一发展颠覆了人类以往对新闻传播的观念和方式的认知。

然而，即便 BBC 有一套严格的新闻审查制度对用户生产内容和用户评论进行甄别与筛查，但辨别信息真伪依旧是一项大工程。BBC 用户生产内容集成中心每天可以接收到数千条包括图片、邮件、评论等在内的用户生产内容，在遇到突发性新闻时甚至会达到上万条，而且这个数量还在呈几何级增长趋势。因此，面对诸多纷繁复杂的信息，作为“把关人”的新闻专业者很容易被误导，从而出现严重错误。为更好应对这种挑战，在人工智能技术兴起之后，BBC 也开始引入大数据、云计算等手段适应越来越快的信息辨别节奏。可以预见，面对如此庞杂的信息量，未来的新闻传播将主动与人工智能技术继续进行深度融合，以提高内容生产以及传播的效率和精准度。

（三）人民日报媒体矩阵

人民日报是我国最大的中央级媒体。作为典型的传统媒体，人民日报洞察到融媒体建设的重要性，所以它的媒体融合实践走在了时代的前沿。现如今，人民日报已经发展为拥有报、刊、网、端、微、屏等 10 多种载体的新型主流媒体，是面向群众进行主流意识形态宣传的重要融合平台。

为提高自身影响力，人民日报广泛涉猎各类新兴媒体，综合了官方网页、微信、微博、新闻客户端、人民电视、电子阅报栏等多端资源，构建“数据中心”和“信息超市”，打造出一个现代化的全媒体矩阵，在移动传播上取得了不菲的成绩。2023 年，在社交媒体微博上，包含报纸、电视、广播在内的 900 多个媒体微博账号中，以人民日报的粉丝数量最高，达到 1.51 亿；抖音平台上人民日报的粉丝数量也达到了 1.62 亿[①]，是所有官媒在新媒体开通的账号中粉丝数量最高的。

另外，人民日报新媒体还形成了“矩阵内部优势互补”“与其他矩阵协同联动”的传播格局。如人民日报法人微博充当信息“马前卒”，突发事件第一时间发声抢占舆论高地，同时借助组图、短视频、直播等丰富表达方式，将严肃信息通俗化、短平快传播。微信公众号则通过实用信息固定推送、在热点事件中的坚定立场以及口语化表达，成为用户的信息管家和舆论风向标。客户端则充分利

① 注：该数据为 2023 年 3 月 19 日新浪微博与抖音平台实时数据。

图 11-2 人民日报媒体矩阵　　图片来源：人民日报

用技术和资源优势，分门别类设置“闻”“评”“听”“问”“报”等版块，成为图文音视频全媒体以及原汁原味信息的综合平台。一套“组合拳”显著扩大了人民日报部门账号的影响力，有效传递了政府的声音，达到了协力传播政策信息、共同引导舆论的效果。

互联网的发展给人们提供了一个自由的表达平台，越来越多的人通过互联网接触到形形色色的信息。网络空间已经成为我国人民开展日常生活的新空间。人民日报所推行的融媒体建设巩固和壮大了主流宣传思想文化阵地，为维护国家意识形态安全作出了突出贡献。正如习近平总书记所指出的：“我们要加快推动媒体融合发展，使主流媒体具有强大传播力、引导力、影响力、公信力，形成网上网下同心圆，使全体人民在理想信念、价值理念、道德观念上紧紧团结在一起，让正能量更强劲、主旋律更高昂。”①

① 习近平：《加快推动媒体融合发展构建全媒体传播格局》，《求是》2019 年第 6 期。

三、理想与现实之间的鸿沟

习近平总书记指出："加强全媒体传播体系建设，塑造主流舆论新格局。健全网络综合治理体系，推动形成良好网络生态。"[①] 然而，国家虽然出台了一系列政策扶持媒体深度融合，但许多传统媒体的体制机制和思想观念仍存在巨大"惯性"，对先进媒介技术掌握程度不够，内部全媒体人才储备不足。这些矛盾与困难彼此交织、互相影响，构成了媒体深度融合的制约与障碍。

（一）新旧媒体"两张皮"

技术的落后不可怕，可怕是观念的落后。由于传统媒体和新兴媒体的工作方式、经营模式和盈利模式都存在很大差异，所以传统媒体与新兴媒体的行业文化和观念也相去甚远。因此，实现传统媒体与新兴媒体的深度融合，传统媒体管理者就必须转变观念，以适应新时代的需求和发展趋势。

但在媒体融合的实践中，不少传统媒体甚至是主流媒体的思维上存在"惯性"，没有深刻认识和理解媒体融合的本质、使命和价值，只是把融媒体看作"旧酒装新壶"，认为媒体融合就是"技术升级"，即用先进的传播手段包装原有的新闻报道，于是只聚焦于浅层的业

① 习近平：《高举中国特色社会主义伟大旗帜　为全面建设社会主义现代化国家而团结奋斗——在中国共产党第二十次全国代表大会上的报告》，《人民日报》2022 年 10 月 26 日。

务拓展，没能实现从内容到方式的深度融合。例如，自 2016 年开始，传统媒体业内掀起了一股以“中央厨房”“云平台”“客户端”等为代表的热潮，投入了大量资金招贤纳士、购买设备，完成包装后虽然看起来十分“高大上”，但就实际传播效果而言，现如今真正做到深度融合的寥寥无几，暴露出大多数地方融媒体中心只是简单粗暴地在原有的基础上植入了先进媒介技术的问题，最后成了形“合”而神“不融”。

此外，在互联网时代下仍有很多传统媒体的管理者盲目自信。他们不仅缺乏互联网思维和用户思维，不愿意进行换位思考，站在用户的角度探寻受众的真实需求，从而多次错过了转型的时机。随着自媒体的迅速崛起，传统主流媒体的信息垄断被瞬间打破，而且在自媒体以丰富而多变的新闻表现形式迅速吸引了大部分用户时，传统媒体仍坚持“传者中心论”，新闻内容生产模式依旧停留在以往“我说你听”式的、单向的、给予式的形式。最后这种“说教式”“宣传式”“文件式”的报道越来越难以获得受众关注，传统媒体的新闻产品供需出现失衡。

部分传统媒体管理者还坚持传统媒体和新媒体“二元论”，内部从事新媒体与报纸内容生产的是两套人马，彼此的新闻资源、信息和线索互不相通，造成绝大多数传统媒体虽然已建立了全媒体发布矩阵，在形式上看似实现了初步融合，但实际上是新旧媒体“两张皮”，如新媒体平台与报纸之间内容差距较大，报纸上的优秀稿件没能呈现在新媒体平台，而新媒体平台上的优秀原创内容也同样没有转载到报纸上。

（二）从业人才“青黄不接”

在推进媒体融合的过程中，人才是核心、关键。由于传统媒体与数字媒体、网络媒体的内容、模式、受众有很大不同，因此融媒体建设对从业者的专业能力有了更高的要求。传统媒体以电视、广播、报刊等方式直接将内容推送给受众，而新兴媒体的信息传播过程则更注重用户体验，采取沉浸式体验、语音互动之类的手段吸引受众观看、交流，互动性更强。所以，媒体融合需要的人才既要具备广阔的知识面和深厚的实践经验，能在不同媒体形态、终端上开展工作，又懂得传媒文化、生产流程、商业模式等方面的知识，如此才能为用户提供多样化的信息传递服务。

现阶段从业人才“青黄不接”极大地限制了媒体融合纵深发展的进程。传统媒体现有人才储备数量和质量不足以支撑大范围的融媒体建设。由于新媒体的产生与发展对传统媒体形成了巨大冲击，近年来传统媒体的整体营收能力明显降低，发展态势不明朗，所以相较于薪资水平更高、更具发展潜力的新媒体行业，传统媒体无法充分地吸引高素质、高水平人才。除了面临“招不来人”的窘境外，传统媒体人才队伍中的年轻员工也在快速流失，致使人才队伍年龄结构老化。在这样的情况下，传统媒体人才队伍规模持续萎缩，逐渐成为传统媒体进一步稳固并强化人才队伍建设的阻碍。而且，正因为传统媒体现有人才队伍年龄结构老化，所以传统媒体中绝大部分新闻生产者思维固化，新媒体知识技能的运用不充分，对于媒体行业知识的把握大多停留在媒体融合背景尚未时兴前的阶段，难以较好地适应媒体融合背景提出的各项崭新要求。[1]

面对人才极度短缺的情况，院校培养的人才却无法满足市场需求。这是因为长期以来我国新闻人才培养的方案和教学内容是以传统媒体的特点和工作形式为依据的，就像新闻学专业的学生主要是对接报纸杂志对记者或编辑的需求。但随着科学技术的发展以及与媒介的深度结合，各媒介之间的壁垒正在被打破，逐渐开始相互渗透、相互融合，因此，以往这种以媒介种类设置专业方向、以传统媒体决定课程内容的人才培养方式已经不能适应媒体发展的现实需要了。为适应新闻传播形式的转变，一些媒体发展水平较高的国家已经开始训练学生从适应单一媒体向适应平面、广播、电视、网络等多媒体领域转变。

（三）现有技术“力不能及”

先进技术是媒介更新迭代的“发动机”和“加速器”，媒体融合也需要利用先进的通信技术和信息化技术，实现内容的在线传输、处理、存储和展示，因此科学技术水平的高低直接影响媒体融合转型的效果。目前，各种媒介技术还在不断地发展和完善中，对媒体尤其是传统媒体来说，需要不断更新技术才能保持在行业的领先地位。

但在实践中，诸多主流媒体并未充分发挥先进科学技术的支撑

---

① 参见徐峰：《对媒体融合背景下传统媒体人才队伍建设的思考》，《新闻传播》2023年第4期。

作用。例如，相当一部分的传统媒体大数据基础薄弱，从而限制了人工智能技术在传播领域的应用。在媒体融合进程中，大数据技术具有不可替代的作用。当媒体对各类新闻事件进行报道时，可以充分利用大数据技术所具有的分析与筛选功能，完成对社会新闻时事和焦点新闻的提炼。[1] 但从总体上看，当前传统媒体对大数据的开发和利用仍处于较低水平，多数传统媒体并未建成自己的数据库，即使有部分媒体在政策鼓励下建立起本单位的数据库，却仍然不具备合格的大数据的采集分析能力，从而限制了传统媒体运用大数据进行产品内容的直观展示和传播的可视化。此外，大数据技术的不足还抑制了传统媒体在人工智能方面的开发。大数据是人工智能的“能源”，可“巧妇难为无米之炊”，如果没有体量足够大、类型足够多的数据，人工智能再先进也很难达到应用程度。

除了大数据技术以外，其他前沿智能技术与新闻传播的融合程度也有待加强，比如，以 VR（虚拟现实）、AR（增强现实）、生物传感等依托前沿技术的传媒应用，在实际传播中也没有与新闻业务形成精准对接，更多地呈现出单打独斗的情况。因此，传统媒体通过新技术有效引领新闻业务创新的力度也有待强化。

同时，有的主流媒体意识到了先进技术的重要性，但过度重视技术革新，盲目扩建技术平台，没有发展出与之相配的传播模式，导致先进媒介技术“没有用武之地”，无法对媒体融合有效赋能。要

① 参见罗远平、刘玉婷：《浅谈融媒体中心建设中大数据技术的应用》，《文化产业》2022 年第 33 期。

么仅仅只是将数字技术、智能技术视为用来装点的“门面”，大搞形式主义之风，致使前沿技术成了“空架子”。甚至还有部分主流媒体因受制于技术自主革新，于是借助已有的互联网平台，通过外包的方式实现制作研发，但因此出现了技术“卡脖子”和收益分红纠纷等一系列问题，这些阻碍了主流媒体实现深度媒体融合的脚步。

（四）体制机制“束手束脚”

媒体融合需要具备完善而灵活的体制机制，以此实现多个媒体之间最大限度的交互匹配，实现信息的共享和互动，从而真正落实习近平总书记提出的在“内容、渠道、平台、经营、管理等方面的深度融合”的要求。

然而，我国主流媒体尤其是传统媒体大多处于国家事业单位体制的管理之下，其收入来源基本依靠国家财政补贴。没有了生存压力也就没有了改革动力，导致整个单位严重缺乏改革活力，市场化能力缺失。但是这些主流媒体同样属于市场主体，仍需要和体制外的新兴媒体开展激烈的市场竞争，这就需要它具备市场化的体制机制，但这不仅与它原本的身份、定位相违背，还使许多主流媒体无法在事实上参与和新媒体的深度融合。例如，一些落后地区的县级电视台只有事业法人而没有企业法人，所以这些媒体机构就无法大规模开展经营业务，也就算不上事实上的市场主体。社会环境一直在变化，如果不能及时调整现有体制，就会成为限制主流媒体发展的障碍。

融媒体建设是一项长期的、庞大的工程，但由于不少传统媒体内部缺乏科学的工作统筹方式，采编人员往往面临高负荷的工作，势必会造成他们压力过大、精力弱化。再加上“大锅饭式”的平均主义，单位对员工缺乏有效的激励约束机制，长此以往员工认为“干多干少一个样、干与不干一个样”，员工缺乏主动进取的积极性、主动性和创造性。这样一来，作品质量自然也会下降，从而影响到融媒体建设的效果。

此外，一些主流媒体虽然已经成立了融媒体发展中心，但内部的运行机制仍有待进一步完善。例如，许多主流媒体机构至今都没建立起策、采、编、发、评一体化机制，采编流程再造仍未完全实现，因此没能调动起所有业务部门和人员共同参与融媒体内容的采编制作和分发。这正是因为传统媒体的制度改革往往牵涉面广，需要进行大范围的机构调整和人事安排，几乎是对管理体系的“重置”，所以现有的采编机制为求稳妥，仍采用报纸时代的老机制。[①] 但是老机制与新形势不“相容”，这导致媒体融合内容生产效率受到极大影响。

四、AI 深度融合的智能传播

媒体深度融合背景下，现实社会与虚拟网络空间中传播机制、传播效应发生着革命性的变革，影响着用户的认知、决策与社交行为。[②] 未来，在人工智能技术的推动下，媒体融合将从互动视角突

① 参见王弘毅:《地方党报深度融合困境与突破路径》,《新闻世界》2023 年第 1 期。

② 参见喻国明、杨雅:《5G 时代：未来传播中“人—机”关系的模式重构》,《新闻与传播评论》2020 年第 1 期。

出多元主体，借语言处理提高内容生产效率，利用数据分析提高服务效能，通过用户个性定制突出智慧服务特色，进而实现AI深度融合的智能传播。

（一）传播主体多元化

在过去以大众传播为主的时代，传播主体和传播对象之间分界明显，传播主体单一，仅局限于新闻媒体。然而，人工智能技术的推广和应用带来了新闻传播主体的嬗变，新闻传播由职业传播者主导转变为职业传播者与大众传播者共存、现实传播与虚拟传播并存的精彩纷呈的局面。换言之，传播主体多元化意味着新闻业呈现传统媒体和新媒体百花齐放的态势。

新闻传播主体不再局限于传统的新闻媒体机构，更多的自媒体、社交媒体、智能机器人、AI合成主播都可以承担新闻传播者的角色，传者和受者的界限逐渐模糊，新闻传播主体走向多样化。未来，世界将继续从专业化的大众媒介垄断信息生产和传播的时代，不断迈向传播主体多元化的互联网群体传播时代。例如，当前的博客网站、视频网站、即时通信工具、社交媒体网络、自媒体内容平台等数字媒体如雨后春笋般涌现，打破了主流媒体垄断新闻传播的局面。此外，由于网络的交互性，新闻受众已经不需要仅依靠传统的新闻媒体了解新闻信息，只要通过微博、网站和聊天软件等就可以进行新闻的生产与传播，新闻信息传播被主流媒体所垄断的时代已然结束。虽然现在个人新闻传播还会受到人力和物力的限制，但由于网民的数量仍在不断地增加，未来，个人新闻传播主体也将得到不断发展。过去被动接收信息的大众媒体受众角色将发生转换，成为即时加工信息、生产信息和传播信息的用户。未来，他们或许会以科技大咖、微博大V、自媒体大神、网红主播的身份活跃在不同的数字媒体平台上和各种各样的活动中，成为新闻生产传播过程中的一环。

而且，在人工智能技术与新闻传播深度融合的背景下，以广播、电视为代表的传统媒介并不会就此没落，而是仍保有一席之地。由于拥有实体新闻机构和专业新闻人才，所以传统媒介在智能媒体林立的状况下仍然具有一定的新闻传播优势。在新闻的编辑方面，传统媒体可以利用原有机构的完善程序，使新闻展现出较强的专业性。所以，面对来自更多的网络新闻传播主体和智能传播主体的竞争，传统媒体仍然会取得一定的发展。

（二）传播内容机器化

在人工智能技术出现前，尽管新闻传播过程中的传播主体在变，但是人在内容生产中的主体性地位从未改变过。而人工智能技术的出现，打破了此前由人类垄断新闻内容生产的局面，并将新闻生产者的范畴拓展到了智能机器。

在新闻生产与传播实践中，人工智能机器人将取代人类主体，完成新闻的生产、分发步骤。智能技术的出现将人类从新闻写作环节解放了出来，它改写了新闻稿件只能由人撰写的历史，并创新了新闻编写方式，提高了新闻生产的效率，丰富了新闻生产的内容，提高了新闻质量，降低了写作成本，而且机器人新闻写作能做到

7×24 小时全天候写作，从而生产出海量新闻内容。例如，新华社的机器人记者“快笔小新”能做到 24 小时不间断工作，而且体育、财经类相关稿件是它的强项，每逢重要赛事或股市开收盘，“快笔小新”就能根据所公布的信息迅速生成所需的新闻稿件。此外，智能机器在进行新闻生产时，可对用户的阅读内容和习惯进行分析，从而利用各类技术将同样的信息以不同风格、不同表现形式呈现给受众，满足不同受众的需求。

未来，随着人工智能从弱 AI 到强 AI（弱 AI 只能执行简单任务，强 AI 能够达到与人类持平的智能水平）的升级，机器可能会拥有独立主体性，即独立完成自主传播，新闻生产就可以完全脱离“人”的作用。人工智能技术可以根据用户搜索时所展现出来的需求度和目的性进行内容生产，从而提高生成结果与搜索内容的匹配度。例如，当人们运用智能手机上所配备的语音助手，用语音输入“中国经济”后，智能语音助手马上把中华人民共和国商务部、中国经济网、中国政府网经济频道、经济日报等网页、图片和视频推送出来。如今这种以“人＋智能机器人”的模式在新闻传播中已经有所普及。未来，科普信息可以进一步嵌入机器人，智能机器传播的独立性会进一步增强。

同时，人工智能机器人还拥有深度学习分析技术、智能推理技术，因此在人工智能机器人完成信息传播之后，还可以对新闻传播效果进行测控，从而完成机器的自我升级，为下一次信息传播的精确性打下基础。例如，美联社的机器人记者 WordSmith，它的工作原理就是先由人类先向其程序算法中输入大量的稿件以供其训练，然后在多次学习后最终拥有像人类一样的写作能力。这一系列智能主体参与传播实践的过程，可为未来新闻的智能生产与传播提供借鉴。

（三）传播渠道数据化

在以往新闻传播过程中，传播渠道由报纸、广播、电视、移动互联网等现实物质所构成，因此它最大的特点就是物质性。而随着人工智能技术的出现与普及，媒体的形态得到了极大的丰富，而新闻传播的方式也会因此而彻底地被改变，从此走上数据化、智能化的道路。

人工智能助力媒体内容生产的作品集合了文字、图片、声音、VR/AR、3D 动画、互动视频等多种内容形态和多元呈现方式，具有多感官刺激和交互式体验的特点。[①] 在文本形式上，现如今，人工智能机器人除了能生成新闻稿件这种直观反映现实的作品以外，还能写出小说、剧本、散文等虚构文学创作。因此，在某种程度上，人工智能文学已经成为现实。早在 1998 年，美国纽约伦斯勒学院“头脑和机器实验室”就研制出了小说创作程序“布鲁特斯”，“布鲁特斯”仅用 15 秒就能创作一篇小说。还有微软亚洲研究院研发的人工智能程序“小冰”，在其程序中被写入了上万首诗歌后，“小冰”就能够独立进行诗歌写作，并在 2017 年出版了诗集《阳光失了玻璃窗》。但是，由于人工智能技术和新闻传播尚在初级融合阶段，所以仍然需要大量人工进行数据植入。未来，当真正将人工智

① 参见胡文文：《融合新闻的人工智能创新与应用——以新华社 2022 年北京冬奥会报道为例》，《北方传媒研究》2022 年第 6 期。

能技术与新闻传播融合在一起，人们只需为智能体设置初始程序并输入一定量数据，机器便能自己进行数据抓取与分类，从而生成不同的风格作品。

视频形式方面，人工智能在新闻传播上的应用主要表现为视频新闻、AI合成主播以及人工智能短视频等形式。例如，中央广播电视总台5G新媒体平台央视频推出了首个拥有超自然语音、超自然表情的仿真主播“AI王冠”，而且还让这位AI主播主持一档全新AI节目《“冠”察两会》，从而让人工智能技术为“两会”报道注入了科技活力，充分展现了人工智能技术在新闻播报上运用的最新成果。未来，人工智能将更深度地参与媒体内容生产，内容呈现方式将更加动态化、复合化。

从某种意义上说，人工智能技术已经改变了传统的媒介传播机制、传播路径和传播形态，依托智能媒介传递信息已经成为新闻传播的一种有效的辅助手段。依托人工智能技术的智能机器人将在未来的传媒业态中发挥更重大的作用、扮演更为重要的角色。

（四）传播效果精准化

以往，融媒体模块化的设计理念容易形成千篇一律的服务模板，基于用户兴趣的信息推荐容易形成“信息茧房”现象。而在人工智能技术赋能下，融媒体可以更好地理解用户的需求和痛点，从而帮助新闻传播平台实现精细化运营。不仅可以根据用户个性化需求进行精准资源推荐，而且可基于用户情境进行个性化体验设计。而人工智能科学传播是依托计算机算法技术的生产智能化过程。因此，在人工智能技术与新闻传播进行深度融合后，新闻传播就可以做到根据用户的兴趣或关注点，通过数据收集、整合和分析高效地将新闻内容与受众需求进行匹配，实现从大众传播到精准传播的转换。

具体而言，人工智能技术中的算法技术可以准确找到对某一类信息感兴趣的受众，从而提高新闻传播的精确度。例如，在一些智能手机的新闻客户端中，算法可以检测到用户注册时所填报的个人基本信息或用户的浏览习惯，以此对该用户的需求和兴趣点进行分析，从而对有效受众进行精准推送，满足受众对不同新闻信息的需求。例如，在“快手”“抖音”等短视频平台上，用户如果经常浏览某一类的信息，如养生健康、学前教育等，那么智能算法就能抓住用户对养生健康、学前教育信息的诉求，从而经常性地给该用户推送包含了相关信息的短视频，完成精确传播，实现“信息找人”。

此外，人工智能技术也可分辨出受众对不同方面信息的需求，从而利用算法技术实现个性化、定制化的推送，提高传播服务的针对性。例如，在人民日报客户端中，就有社会、财经、文化、教育、军事、科技、乡村等多个栏目，人民日报客户端可运用算法技术，智能化处理用户对某一领域的需求，向用户推送这一领域的相关信息，满足受众的个性化需求，真正实现新闻传播的高效化。

在互联网技术大发展、大变革的时代背景下，融媒体建设是贯彻媒体融合战略的必然产物，是科学技术与人类需求相互作用的结果，也是实现传统媒体与新兴媒体优势互补的最佳体现。在促进媒体融合的进程中，应注重观念转变、人才培养与引进、技术创新和体制机制改革，有效实现人工智能技术与新闻传播的深度融合。

后　记

POSTSCRIPT

党的二十大报告对“加快实施创新驱动发展战略”作出重大部署。2023年2月21日，习近平总书记在二十届中共中央政治局第三次集体学习时进一步强调：“加强基础研究，是实现高水平科技自立自强的迫切要求，是建设世界科技强国的必由之路。”党员领导干部深入学习贯彻党的二十大精神，要把思想和行动统一到党中央决策部署上来，不断提升科学素养，增强构建新发展格局、推动高质量发展的能力素质。

本书聚焦世界科技前沿技术，包括生成式AI、半导体芯片、量子技术、高性能计算、数字中国、新能源、新材料、新基建、空间技术、基因工程、融媒体等诸多领域，通过扼要介绍上述前沿科技的产生背景、发展历程、技术原理，揭示其在工业互联网、智慧城市、信息技术、健康医疗等领域的广泛应用前景和发展趋势。通过深入浅出的解读，帮助读者从源头上理解前沿科技的来龙去脉和技术原理，更好地迎接新一轮科技革命的挑战。

本书由姚芳、王志勇担任主编，胡欣、刘荪婷、陈兰花、周本元、杨璐担任副主编。各章节的撰稿人依次为：第一章，胡欣、何松；第二章，何艳、陈兰花；第三章，周本元、王志勇；第四章，陈兰花、胡欣；第五章，曹襄雅、王志勇；第六章，程龙、刘荪婷；第七章，刘鹏程、周本元；第八章，李晨、廖莉娟；第九章，贾瑜、姚芳；第十章，陈琛、胡欣；第十一章，赵熙、代翠翠。王志勇、姚芳负责全书的统稿、审阅工作。

本书在撰写过程中，参考借鉴了众多专家、学者的学术研究成果，得到国防大学学科带头人洪保秀教授的精心指导，在此一并表示感谢。由于时间仓促、水平有限，本书难免有疏漏及不足之处，恳请读者朋友批评指正。